W0269712

Springer-Verlag Berlin  Heidelberg GmbH

Januar 1887.

Im unterzeichneten Verlage ist soeben erschienen:

Vierteljahresschrift

über die

Fortschritte auf dem Gebiete

der

Chemie der Nahrungs- und Genussmittel,

der

Gebrauchsgegenstände, sowie der hierher gehörenden Industriezweige.

Unter Mitwirkung von

**Dr. Hochstetter, P. Lohmann, Benno Martiny, Dr. Paak,
Dr. Proskauer, Dr. Würzburg** (Berlin);
L. Aubry, Dr. R. Sendter, Dr. H. Will (München); **Dr. v. Peter, Dr. Weigmann** (Münster);
Dr. J. Mayrhofer, Dr. E. v. Raumer, Dr. Röttger (Erlangen); **Dr. A. Halenke** (Speyer)

herausgegeben

von

Dr. A. Hilger
Professor an der Universität Erlangen.

Dr. R. Kayser
Vorstand des chemischen Laboratoriums am
bayer. Gewerbemuseum zu Nürnberg.

Dr. J. König
Professor und Vorstand der Agrikulturchemischen
Versuchsstation zu Münster i. W.

Dr. E. Sell
Professor an der Universität Berlin, Mitglied des
Kaiserlichen Gesundheitsamtes.

Erster Jahrgang. Das Jahr 1886.

Erstes und zweites Heft. Preis M. 5.—. Drittes Heft. Preis M. 2,50.

Wohl kaum hat eine wissenschaftliche Disciplin in dem letzten Jahrzehnte eine raschere Entwickelung erfahren, als jener Zweig der angewandten Naturwissenschaften, der sich damit beschäftigt, die Untersuchungstechnik der Nahrungs- und Genussmittel, sowie der Gegenstände täglichen Gebrauches auszubilden, die auf diesem Gebiete noch so zahlreich vorhandenen Probleme durch wissenschaftliche Forschungen zu lösen. Die sich von Jahr zu Jahr

(Fortsetzung auf der 3. Seite des Umschlags.)

Bericht über die fünfte Versammlung

der

Freien Vereinigung

Bayerischer Vertreter der angewandten Chemie

zu

Würzburg

am 6. und 7. August 1886.

Herausgegeben

vom geschäftsführenden Ausschusse:

Dr. A. Hilger,
Professor der angewandten Chemie an der
Universität Erlangen.

Dr. R. Kayser,
Vorstand des chemischen Laboratoriums des
Bayerischen Gewerbemuseums in Nürnberg.

Dr. E. List,
Dirigent der Weinbauversuchsstation in Würzburg.

Dr. D. Egger,
Königl. Kreismedicinalrath in Bayreuth.

Th. Weigle,
Apothekenbesitzer in Nürnberg.

Springer-Verlag Berlin Heidelberg GmbH
1887

ISBN 978-3-662-33737-0   ISBN 978-3-662-34135-3 (eBook)
DOI 10.1007/978-3-662-34135-3

Inhalts-Verzeichniss.

Die Versammlung wurde am 6. August, Nachmittags 4 Uhr, in dem Saale der Gesellschaft „Harmonie" eröffnet.

Anwesend waren als Gäste:

Kaiserl. Geh. Regierungsrath Köhler, Direktor des Kaiserlichen Gesundheitsamtes, Berlin;

Kaiserl. Regierungsrath Prof. Dr. Sell, Berlin, — beide Herren als Vertreter des Reichsamtes des Innern.

Königl. Obermedicinalrath Dr. von Kerschensteiner, München;

Königl. Ministerialrath Kahr, München, — beide Herren als Vertreter des königl. bayerischen Staatsministeriums des Innern.

Königl. Kreismedicinalrath Dr. Martius, Ansbach.

Landgerichtsarzt Prof. Dr. Reubold, Würzburg.

Prof. Dr. Dietrich, Marburg.

Medicinalrath Dr. Escherich, Würzburg.

Dr. Steidle, k. Hofrath und Bürgermeister der Stadt Würzburg.

Prof. Dr. Heinrich Fresenius, Wiesbaden.

Dr. Egger, Vorstand des Untersuchungsamtes, Mainz.

Dr. Forster, Vorstand des Untersuchungsamtes, Plauen.

Dr. B. Fischer, Berlin.

O. Richter, Würzburg.

R. Landauer, Apotheker, Würzburg.

Goldmann, Apotheker, Würzburg.

Dr. Gossmann, Lohr.

Prof. Dr. Gscheidlen, Vorstand des Untersuchungsamtes, Breslau.

Dr. H. Weigmann, I. Assistent der Versuchsstation, Münster i. W.

Als Mitglieder:

M. Brommer, Apotheker, Erlangen.

Kreismedicinalrath Dr. Egger, Bayreuth.

Dr. Friedrich, Generalstabsarzt des II. Armeekorps, Würzburg.

Dr. Full, Assistent der Kreisrealschule, Würzburg.

Dr. Halenke, Vorstand der Untersuchungsanstalt und der landwirthschaftl. Versuchsstation, Speyer.

F. v. Hertlein, Apotheker, Würzburg.

J. Hertz, Assistent der königl. Untersuchungsanstalt, Würzburg.

B. Jegel, königl. Reallehrer, Hof.

K. Immerheiser, Assistent der königl. Untersuchungsanstalt, Würzburg.

Dr. H. Kaemmerer, Professor an der königl. Industrieschule, Nürnberg.

Dr. R. Kayser, Vorstand des chem. Laboratoriums am bayerischen Gewerbemuseum in Nürnberg.

G. Kellner, Assistent an der königl. Realschule, Fürth.

Dr. E. Kopp, Münster in Westf.

Dr. E. List, Dirigent der Weinbau-Versuchsstation, Würzburg.

Dr. J. Mayrhofer, I. Assistent der königl. Untersuchungsanstalt, Erlangen.

Prof. Dr. Medicus, Würzburg.

Medicinalrath Dr. G. Merkel, königl. Bezirksarzt, Nürnberg.

Dr. E. von Raumer, Assistent an der königl. Untersuchungsanstalt, Erlangen.

Dr. Röder, königl. Bezirksarzt, Würzburg.

Dr. H. Röttger, Assistent der königl. Untersuchungsanstalt, Erlangen.

Hofrath Dr. Rosenthal, Würzburg.

Dr. Rüdel, königl. Bezirksarzt, Scheinfeld.

G. Schlegel, Assistent der Weinbau-Versuchsstation, Würzburg.

Dr. G. Schmitt, königl. Medicinalrath, Würzburg.

Th. Weigle, Apotheker in Nürnberg.

Dr. H. Will, Assistent der wissenschaftlichen Station für Brauerei, München.

In Stellvertretung des Vorsitzenden des geschäftsführenden Ausschusses, Professor Dr. Hilger-Erlangen, eröffnet Dr. R. Kayser-Nürnberg die Versammlung: Meine Herren! Zum fünften Male seit der Gründung unserer Vereinigung sind heute die Mitglieder derselben versammelt. Es ist mir erste und angenehmste Pflicht, Sie zu begrüssen, besonders Sie, meine Herren, zu begrüssen, welche als Gäste an unserer Arbeit theizunehmen erschienen sind, insbesondere heisse ich die Herren Vertreter des Reichsamtes des Innern und des königlichen Staatsministeriums des Innern willkommen, deren Erscheinen Zeugniss von dem Wohlwollen ablegt, welches Reichsregierung und Landesregierung unseren Bestrebungen entgegenbringen. Lassen Sie uns jetzt mit unseren Verhandlungen beginnen, mögen dieselben von dem gleichen Geiste rein sachlicher Erwägung und selbstlosen Schaffens durchweht sein, der in unseren bisherigen Verhandlungen zum Ausdruck gekommen ist.

Ministerialrath Kahr-München: Meine Herren! Se. Excellenz der Herr Staatsminister Freiherr von Feilitzsch hat es auch in diesem Jahre nicht unterlassen wollen, dem lebhaften Interesse, welches derselbe Ihren Bestrebungen entgegen bringt, durch Abordnung des Herrn Obermedicinalrath Dr. von Kerschensteiner und meiner Person zu Ihrer jetzigen Versammlung Ausdruck zu verleihen. Gestatten Sie mir, Sie freundlichst zu begrüssen. Es macht uns grosse Freude, wieder an Ihrer Arbeit teilnehmen zu können. Wir wünschen, dass der glückliche Erfolg, der Ihre bisherigen Arbeiten begleitet hat, auch Ihrer jetzigen Versammlung nicht fehlen möge.

Kayser-Nürnberg: M. H.! Bevor wir in unsere Tagesordnung eintreten, gestatten Sie mir ein Schreiben des Herrn Professor Hilger-Erlangen, der leider verhindert ist, an dieser Stelle zu erscheinen, zu verlesen: „Hochverehrte Collegen und Freunde! Zu meinem innigsten Bedauern ist mir, durch Verpflichtungen im engeren Familienkreise veranlasst, die Möglichkeit genommen, Sie in diesem Jahre zur gemeinschaftlichen Arbeit begrüssen zu können. Gestatten Sie mir daher, Ihnen auf diesem Wege meinen herzlichsten Gruss mit dem Wunsche zu senden, dass Ihre Berathungen von Erfolg begleitet sein mögen. Zur Arbeit ein frohes Glückauf! Für die Zukunft meinerseits die dringende Bitte, für unsere Versammlungen einen passenderen Termin zu wählen und vielleicht an den Tagen nach Christi Himmelfahrt festzuhalten, die gewiss geeigneter sind, als die Zeit der Herbstferien. Mit grösster Werthschätzung Ihr ergebener A. Hilger." Meine Herren! Sie theilen gewiss mit mir das Gefühl des Bedauerns darüber, dass wir heute Herrn Professor Hilger nicht in unserer Mitte sehen. Von unseren Herren Referenten sind leider die Herren Aubry-München, Vogel-Memmingen und Prior-Nürnberg durch Unwohlsein am Erscheinen verhindert worden.

Weiter habe ich betreffs der Thätigkeit des geschäftsführenden Ausschusses mitzutheilen, dass von demselben im vergangenen Jahre sieben Sitzungen gehalten wurden. Der Beschluss der letzten Versammlung bezüglich Bildung von Commissionen ist ausgeführt worden und ein grosser Theil des Programms unserer jetzigen Versammlung ist bereits auf die Thätigkeit der Commissionen zurückzuführen. Die derzeitige Zahl unserer Mitglieder beträgt 93. Ich bitte jetzt Herrn Weigle, über unsere Kassenverhältnisse Bericht zu erstatten.

Weigle-Nürnberg: Die Einnahmen der freien Vereinigung betrugen im letzten Jahre 476 Mk. 13 Pf., die Ausgaben 282 Mk. 75 Pf., es verbleibt sonach aus den Einnahmen ein Activrest von 193 Mk. 38 Pf. Für die Vereinbarungen gingen von der Verlagsbuchhandlung J. Springer in Berlin 1258 Mk. ein, wovon 858 Mk. für Honorar in Abzug kommen; der Rest von 400 Mk. ist auf der städtischen Sparkasse in Erlangen seit dem 1. Januar 1886 als Reservefonds der freien Vereinigung deponirt. Es hat sich nun herausgestellt, dass eine glatte Rechnungstellung bei dem seitherigen Modus der Einziehung der Mitgliederbeiträge sehr schwierig ist, ich stelle deshalb den Antrag, es möge die Einziehung der Beiträge mittelst Postmandat als statthaft erklärt werden.

Der Antrag wird einstimmig angenommen.

Kayser-Nürnberg: M. H.! Ich habe Ihnen noch weiter mitzutheilen, dass von den in Ihren Händen befindlichen „Vereinbarungen" 100 Exemplare von der Verlagsbuchhandlung gratis geliefert wurden, welche zur Vertheilung an die Mitglieder der Vereinigung, sowie an Behörden und Vertreter des Ministerium gekommen sind.

Anträge des geschäftsführenden Ausschusses.

I. Kayser-Nürnberg: M. H.! Es hat sich als wünschenswerth herausgestellt, dass einmal oder mehrere Male im Jahre Zusammenkünfte des geschäftsführenden Ausschusses mit Mitgliedern einzelner Commissionen stattfinden. Nicht unbillig erscheint es nun, dass die bei dieser Gelegenheit den betreffenden Commissionsmitgliedern erwachsenden Reisekosten denselben aus der Kasse der Vereinigung ersetzt werden. Unter Reisekosten sollen ausdrücklich nur die durch die Fahrt nach dem Versammlungsorte und die durch die Rückfahrt entstandenen Unkosten verstanden werden, ohne weitere Gewährung von Diäten. Der geschäftsführende Ausschuss beantragt nun, ihm zu gestatten, in den angeführten Fällen den Commissionsmitgliedern ihre Reiseunkosten zu vergüten.

Der Antrag wird ohne Diskussion einstimmig angenommen.

II. Kayser-Nürnberg: M. H.! Der zweite Antrag des geschäftsführenden Ausschusses lautet: Der geschäftsführende Ausschuss der freien Vereinigung ist ermächtigt, Vertreter der angewandten Chemie, welche ausserhalb Bayerns wohnen und ihre Theilnahme an den Bestrebungen durch Mitarbeiterschaft bethätigt haben, als auswärtige Mitglieder aufzunehmen. Eine besondere Motivirung dieses Antrages ist wohl nicht erforderlich, da eine derartige Verstärkung unserer Vereinigung durch ausserbayerische hervorragende Kräfte sicherlich dazu beitragen wird, unsere Bestrebungen und Aufgaben zu fördern.

Der Antrag wird ohne Diskussion einstimmig angenommen.

Referat über die Beurtheilung hefetrüber und saurer Biere

von L. Aubry-München, vorgetragen durch H. Will-München.

R. Kayser-Nürnberg: M. H.! Der Herr College L. Aubry-München ist leider durch Unwohlsein am persönlichen Erscheinen verhindert, er hat jedoch Herrn H. Will-München beauftragt, sein ausgearbeitetes Referat zur Verlesung und Verhandlung zu bringen. Herr Will hat das Wort.

H. Will-München: In dem der vorjährigen Versammlung der freien Vereinigung vorgelegten Referate, welches im Bericht über die vierte Versammlung p. 93 aufgenommen ist, finden sich die verschiedenen Arten von Biertrübungen aufgeführt und näher beschrieben. Es kann auf das erwähnte Referat hier einfach hingewiesen werden. Die Trübungen lassen sich hiernach in zwei Gruppen unterscheiden, deren erste aus ungeformten Ausscheidungen (Harz, Eiweiss und Stärke oder Dextrine) besteht, während die zweite die Ausscheidungen umfasst, welche durch im Biere fortschreitende Pilzentwickelungen (Hefen-Bacterien) stattfinden. Solche Ausscheidungen aus einem ursprünglich klaren Biere können dasselbe entweder bleibend oder nur vorübergehend trüben. Im letzteren Falle findet sich alsdann, nach vor sich gegangener Klärung, ein mehr oder weniger festlagernder Bodensatz im Grunde des Gefässes, in welchem das Bier enthalten ist.

Hefetrübung im Allgemeinen ist eine sehr häufige Erscheinung. Jedes Bier war einmal hefetrüb, bevor es zum fertigen Biere wurde, denn im Verlaufe der Hauptgährung und einem Theil der Nachgährung ist die Hefe in der Flüssigkeit suspendirt. War das Bier normal und genügend vergohren, alsdann werden die in demselben vorhandenen Hefezellen sich zu Boden setzen und das klare Getränk kann darüber vom Fasse abgezogen werden und wird klar bleiben; anders verhält es sich bei einer unregelmässigen Gährung oder bei durch irgend eine Ursache unterbrochener Gährung, in welchem Falle zwar eine Klärung momentan und für eine gewisse Zeit, sowie unter gewissen Bedingungen eintreten kann, durch eine spätere Entwickelung kleiner, noch unsichtbar in der Flüssigkeit schwebender Hefezellen aber wieder Trübung erfolgen wird. Die Bedingungen, unter welchen letztere Erscheinung auftritt, sind diejenigen, welche für das Hefeleben günstig sind: eine noch viel vergährbare Substanz (noch unvergohrenen Zucker, Maltose) enthaltende Nährlösung, — also nicht gut und weit genug vergohrenes Bier, — eine etwas höhere Temperatur als diejenige ist, unter welcher das Bier gelagert war, Mangel an Kohlensäure in Folge ungenügendem Verschluss des Fasses (Flasche), Zutritt von Luft und Licht.

Solches Bier, das in eben erörterter Weise und bei sonst guter Beschaffenheit Neigung zur Trübung zeigt, kann durch zweckmässige Behandlung, insbesondere längeres Lagern, durch Anwendung von Klärspänen, sowie durch Zurückhaltung der Hefe beim Abziehen mittelst Filtration, von der dasselbe trübenden Hefe befreit und für den Consum geeignet gemacht werden.

Enthält das Bier neben dem normalen Hefepilz des Saccharomyces cerevisiae aber andere Saccharomycesarten (sogenannte wilde Hefen), deren einige ganz bedenkliche Veränderungen des Geschmackes hervorzurufen vermögen, alsdann ist die Haltbarkeit des Bieres in hohem Grade alterirt und eine Klärung ist schwieriger. Derartiges Bier kommt niemals zur Ruhe und behält stets die Neigung sich zu trüben, weil die meist sehr kleinen, sogenannten wilden Hefen durch die geringste Unvorsichtigkeit beim Abziehen in die Höhe steigen, ja selbst durch das Filter theilweise hindurch gehen.

Gewöhnlich findet sich in dem durch wilde Hefe getrübten Biere auch noch normale Hefe, deren Entwickelung durch die erstere beeinträchtigt war und welche sich nicht absetzen konnte.

Eine weitere Ursache von Hefetrübungen ist in Reinlichkeitsfehlern zu suchen. Wenn aus den Fässern die abgesetzten Hefereste nicht vollständig entfernt worden sind, bevor dieselben mit frischem Bier wieder gefüllt werden, wenn in den Fässern Fugen und Ritzen vorhanden sind, in welche sich Hefe, Schimmel u. s. w. ansetzen kann, so wird jedes in ein solches Fass gebrachte Bier der Gefahr einer Trübung ausgesetzt, denn eine Bedingung zur Entwickelung der im Fasse ruhenden Pilze wird durch das Benetzen dieser mit Bier hergestellt, welches zugleich eine gute Nährlösung bildet und durch etwa auf dem Transporte stattfindende Temperaturerhöhung wird die Vermehrung der Pilze weiter begünstigt.

Für den Sachverständigen ist die Thatsache einer vorhandenen Hefetrübung an der ihm übergebenen Bierprobe nicht immer massgebend für die wirkliche Beschaffenheit des fraglichen Bieres. Er hat stets im Auge zu behalten, dass die Bedingungen, unter welchen das Bier in der ihm übergebenen Flasche, für die Entwickelung der in Frage kommenden niederen Pilze weit günstiger als im Fasse sind und dass eine sehr geringe Neigung zur Trübung unter solchen günstigen Bedingungen ausreicht, um eine vollständige Trübung hervorzubringen. Gewöhnliches gutes Schenk- und Lagerbier wird, wenn es auch ganz klar und scheinbar hefefrei auf Flaschen gebracht wurde, beim Aufstellen der Flaschen am Lichte in kürzester Zeit (schon nach ein paar Tagen) einen Absatz bilden und die Klarheit verlieren und es lässt sich in den ausgeschiedenen Flocken leicht Hefe nachweisen. Die ursprünglich im Biere vorhandenen, nicht sichtbaren, vereinzelten Hefezellen bildeten den Ausgangspunkt für die nachherige reichliche Vegetation. Im Fasse und im Keller wäre die Vermehrung nicht vor sich gegangen. Die bei der Gährung producirte Kohlensäure trägt vorzüglich dazu bei, die Weiterentwickelung der Hefe hintanzuhalten, geht die Kohlensäure durch die Diffusion in Folge schlechtem d. h. nicht gasdichtem Verschluss der Fässer oder Flaschen verloren, alsdann werden die im Biere vorhandenen Pilze sich viel rascher weiter entwickeln. Steht eine wohlverkorkte, mit klarem Bier gefüllte Flasche aufrecht, so dass der Kork austrocknet und durch seine Poren Kohlensäure entweichen lässt, so wird das Bier schal und rasch trüb, während es im liegenden Zustande der Flasche, wobei der Kork benetzt und gasdicht bleibt, längere Zeit gut und klar bleibt. Ueberhaupt ist Bier eine in steter Veränderung begriffene und leicht veränderliche Substanz und es geht daraus hervor, wie unzuverlässig die Beurtheilung einer Bierprobe ist, welche nicht schon mit Berücksichtigung dieses Umstandes bei der Probenahme behandelt worden ist.

Die für die Untersuchung eines Bieres dienende Probe darf nicht in die nächstbeste Flasche eingefüllt werden, sondern muss von kundiger Hand unter den erforderlichen Cautelen entnommen werden. Es ist zunächst die Flasche mit kochendem Wasser auszuspülen oder dieselbe in Wasser auszukochen, ein gleiches hat mit dem Pfropfen zu geschehen, der für den Verschluss der Flasche dienen soll; beide lässt man an einem staubfreien Orte — die Flasche mit dem Halse nach abwärts — erkalten. Nach erfolgter Füllung und Versiegelung ist die Flasche sofort dem Sachverständigen zu überreichen, damit die Untersuchung vorgenommen werde. Kein Sachverständiger soll über die im Biere vorhandenen Fermentorganismen ein Urtheil abgeben oder eine Untersuchung vornehmen, wenn nicht constatirt ist, dass die Probenahme in der gedachten Weise geschehen ist, wenn er nicht die Untersuchung sofort an Ort und Stelle bewerkstelligen kann, weil er sonst leicht von aussen zufällig hereingekommene Infectionskeime als im Biere vorhanden beurtheilt, von denen die geringste Aussaat oft genügt, um in kürzester Zeit lebhafte Vegetationen zu erhalten.

Jede Biertrübung sowie Bierabsätze sind mikroskopisch zu untersuchen, wobei zunächst constatirt wird, ob dieselben durch chemische Ausscheidungen (Harz, Eiweisskörper oder Stärke etc.), oder gröbere

Verunreinigungen (Pechtheilchen, faule Holzpartikelchen, Schimmelmycelien, Hopfenreste und Hülsenteile der Treber, Stärkekörner etc.), oder durch Hefe und Spaltpilze verursacht worden sind. Die nähere Untersuchung der Hefeabsätze (welche immer etwas Gelägerbestandtheile eingeschlossen enthalten) lehrt alsdann, ob man es mit einer Vermehrung von vorherrschend reinem Saccharomyces cerevisiae zu thun hat, oder ob noch andere, den wilden Hefen angehörende Saccharomycesarten vorhanden sind. Im letzteren Falle, und wenn die Beschaffenheit des Bieres auch in chemischer Beziehung eine für das Absetzen der Hefe ungünstige ist, findet nur schwer und langsam Klärung statt; dasselbe gilt bei gleichzeitiger Anwesenheit von viel Bacterien.

War nur reine Hefe zu finden, so ist das Bier sicherlich nicht eigentlich krank und die chemische Untersuchung wird in den meisten Fällen eine zu geringe Vergährung als die Ursache der nachträglichen Trübung constatiren lassen. Solches Bier kann nur momentan für den Genuss untauglich sein. Bei der gleichzeitigen Anwesenheit von wilden Hefen, oder solchen und auch noch Bacterien, lässt sich gewöhnlich eine weiter gehende Alteration des Bieres nachweisen, die eine Beurtheilung erleichtert, und ist dabei ausser der chemischen Untersuchung auch auf die Geschmacksprobe einiges Gewicht zu legen. Dieselbe lässt den mit der Beurtheilung der Qualität des Bieres Vertrauten selten im Stich; denn es gilt im Allgemeinen der Satz: Je reiner ein Bier schmeckt, desto reiner war die Hefe, welche das Bier vergährte, desto reiner waren die sonstigen Materialien, woraus es hergestellt wurde.

Es möchte jetzt noch schwierig sein, ganz bestimmte Vorschriften für die Beurtheilung der Hefetrübungen zu geben, da die Ansichten über die Schädlichkeit der Hefe und verwandter niederer Pilze noch sehr getheilt sind und es sehr wahrscheinlich ist, dass nur gewisse Arten der Hefepilze, oder vielleicht nur Gährungsprodukte aus denselben, schädliche Wirkungen auf den Organismus des Menschen haben, weil es sonst vorläufig unerklärlich wäre, warum einerseits grosse Quantitäten von Hefe in gewissen Biersorten (Weissbier) und anderen Nahrungs- und Genussmitteln ohne Nachtheil genossen werden können, während andererseits kleine Quantitäten im Biere suspendirter Hefe eine nachtheilige Wirkung auf Magen und Darm ausüben. Bevor über diese Hefewirkungen exacte Versuche in ausgedehntem Maasse und mit den Gährungsprodukten der in Frage kommenden Heferassen und Hefearten gemacht sind, ist es empfehlenswerth, das hefehaltige Bier vom Genusse auszuschliessen und empfiehlt sich der nachfolgende Modus der Beurtheilung:

1. Biere, welche wenig vergohren sind, müssen für den Genuss vollkommen hefefrei sein, d. h. es darf Hefe nicht in staubiger Suspension darin vorhanden sein;

2. gut vergohrene Biere mit mindestens 48 $\frac{0}{0}$ wirklicher Vergährung und von sonst normaler Beschaffenheit sind mit einem leichten Hefeschleier noch für den Genuss zulässig, doch darf letzterer nicht so stark sein, dass sich bei 24stündigem Stehen bei Zimmertemperatur merklich Hefe absetzt;

3. stark durch Hefe getrübte Biere, die viel Hefe absetzen, sind nicht genussfähig;

4. als verdorben sind hefetrübe Biere nur dann zu betrachten, wenn neben den Hefearten noch Bacterien in reichlicher Menge sich vorfinden und wenn die chemische Untersuchung Anhaltspunkte für fortgeschrittene Zersetzung giebt, wenn zugleich auch der Geschmack ein schlechter ist.

Zur Begründung der vorstehenden Punkte möge wiederholt werden, dass gesunde und normale Hefe durch geeignete Kellerbehandlung event. durch die in den Vereinbarungen der freien Vereinigung als zulässig erkannten Klärmittel aus dem Biere entfernt werden kann und der Brauer durch das Verbot des Ausschankes solchen Bieres materiell nur wenig geschädigt werden dürfte; ferner ist es dem Brauer auch möglich und liegt es in seinem Interesse, darauf hinzuarbeiten, die durch wilde Hefen und Bacterien hervorgerufenen Trübungen zu vermeiden durch Beobachtung der grössten Reinlichkeit, Verwendung guter, reiner Stellhefen und achtsame Hefepflege.

Zur Beurtheilung saurer Biere.

Die Säure eines normalen Bieres rührt her von der Anwesenheit primärer Phosphate und von den theils im Malze schon präexistirenden und im Verlaufe der Fabrikation weiter entstehenden organischen Säuren, unter welchen letzteren die Milchsäure in erster Reihe erwähnt zu werden verdient, sodann die Essigsäure (andere Säuren treten minimal zurück). Ein aus reiner und gesunder Gährung hervorgehendes Bier enthält nur höchstens Spuren von Essigsäure; grössere Mengen von Essigsäure treten erst dann auf, wenn das Bier seine Kohlensäure verloren hat (schal geworden ist), der Zucker bis auf höchstens einen kleinen Rest aufgezehrt ist und die Entwickelung der Essigbacterien das Hefeleben ganz unterdrückt hat. Das Bier erhält vorher einen „Stich," d. h. einen scharfen, stechenden Geschmack und wird dann rasch vollständig sauer; damit ist auch Trübung verbunden. Das Auftreten der Essigsäure in grösseren Mengen ist aus dem Verschwinden des Alkohols und wieder zunehmendem spec. Gewichte des Bieres, sowie durch den direkten Nachweis der Essigsäure in der Destillationsprobe — man destillirt am besten im Dampfstrome — zu constatiren.

Säuerliche Biere schmecken gewiss sehr angenehm und bekommen gut, wenn die Säure nur Milchsäure ist, solche Biere sind auch sonst gesund und dürften daher, selbst bei etwas höherer als der normalen Acidität, kaum zu beanstanden sein (siehe Vereinbarungen, Acidität $=$ 3 ccm Norm. Alkali für 100 ccm Bier etc.), Essigsäure darf aber in solchen Bieren mit höherer Acidität nicht in erheblicher Menge vorhanden sein, weil die bei der Essigsäurebildung vor sich gehenden Prozesse mit einer tiefgreifenden Veränderung des Bieres verbunden sind.

Häufig wird die beginnende und fortschreitende Säuerung des Bieres durch Zusatz von doppelt kohlensaurem Natron zu verdecken gesucht, womit zwei Zwecke erreicht werden wollen: erstens die solchen Bieren stets fehlende Kohlensäure zu erneuern und die Säure zu neutralisiren. Man erreicht aber damit niemals seinen Zweck vollkommen, oder vermag höchstens im allerersten Stadium der Säuerung zu täuschen; solches Bier wird immer schon durch einen mehr oder weniger ekelerregenden Geschmack gekennzeichnet.

Die durch Neutralisation eines Bieres erhöhte Aschenmenge, das starke Aufbrausen der bei ganz gelinder Hitze bereiteten Asche beim Uebergiessen mit Säure (gewöhnliche Bierasche braust nur schwach auf) können immer nur zum Nachweis stärkerer Zusätze des kohlensauren Alkalis dienen, in welchem Fall die Bestimmung der Essigsäure ebensogut die stattgehabte Säuerung constatiren lässt. Der mikroskopische Nachweis von grösseren Mengen von Essigbacterien in solchen Bieren wird für die Beurtheilung den besten Anhaltspunkt bieten, weil solche in normalen Bieren nicht zur Entwickelung kommen.

Kayser-Nürnberg: M. H.! Ich eröffne die Diskussion über die Resolution 1. betreffs hefetrüber Biere. Sie lautet: Biere, welche wenig vergohren sind, müssen für den Genuss vollkommen hefefrei sein, d. h. es darf Hefe nicht in staubiger Suspension darin vorhanden sein. Da sich Niemand zum Wort gemeldet hat, schliesse ich die Diskussion. Diejenigen Herren, welche gegen die Annahme der Resolution 1. sind, bitte ich, sich von ihren Sitzen zu erheben. Die Resolution 1. ist einstimmig angenommen.

M. H.! Betreffs der Resolutionen 2., 3. und 4. halte ich es für zweckmässig, wenn dieselben in Gemeinschaft zur Diskussion gestellt werden. Die Resolutionen lauten:

2. Gut vergohrene Biere mit mindestens 48 $\frac{0}{0}$ wirklicher Vergährung und von sonst normaler Beschaffenheit sind mit einem leichten Hefeschleier noch für den Genuss zulässig, doch darf letzterer nicht so stark sein, dass sich bei 24stündigem Stehen bei Zimmertemperatur merklich Hefe absetzt;

3. stark durch Hefe getrübte Biere, die viel Hefe absetzen, sind nicht genussfähig;

4. als verdorbene sind hefetrübe Biere nur dann zu betrachten, wenn neben den Hefearten noch Bakterien in reichlicher Menge sich vorfinden und wenn die chemische Untersuchung Anhaltspunkte für fortgeschrittene Zersetzung giebt, wenn zugleich auch der Geschmack ein schlechter ist.

Ich eröffne die Diskussion über die Resolutionen 2 bis 4.

Halenke-Speyer: M. H.! Ich möchte fragen, ob denn nur hefefreie Biere der Gesundheit zuträglich sind. Wissen wir mit Bestimmtheit, dass hefetrübe Biere ungünstig auf den menschlichen Organismus einwirken? Ich möchte den Grund wissen, aus welchem wir mit gutem Gewissen den Ausspruch thun könnten, dass hefetrübe Biere wirklich schädlich seien.

Will-München: Die Versuche hierüber sind noch nicht abgeschlossen, welche in München im hygienischen Institute angestellt worden sind. Es wird hierbei auch zu berücksichtigen sein, dass es eine ganze Reihe von Heferaçen und Hefearten giebt, von denen es wahrscheinlich gerade die sogenannten wilden Hefearten sind, welche in hefetrüben Bieren die beobachtete ungünstige Wirkung ausüben, während vielleicht die normalen Hefearten nicht so ungünstig auf den Organismus einwirken.

Kayser-Nürnberg: Ich glaube den Collegen Halenke so verstanden zu haben, als ob er die Gesundheitsschädlichkeit hefetrüber Biere überhaupt für nicht ganz sicher bewiesen hält. Ein Sachverständiger vor Gericht muss allerdings wohl den Beweis liefern können, dass in der That mindestens die Wahrscheinlichkeit vorhanden ist, dass eine Schädigung der Gesundheit des Trinkers eines hefetrüben Bieres in Aussicht stehe. Ich möchte an den Herrn Referenten die Frage richten: Sind denn bis jetzt keine derartigen Beweise vorhanden?

Will-München: Die bis jetzt angestellten Versuche lassen es als wahrscheinlich erscheinen, dass Hefe überhaupt ungünstig auf den Organismus wirkt.

Geh. Obermedicinalrath von Kerschensteiner-München: Wenn ich auf die bis jetzt gemachten Versuche zurückkommen darf, so haben sie allerdings ergeben, dass hefetrübe Biere einen nachtheiligen Einfluss auf den Organismus des Menschen ausüben, diese Versuche werden zur Zeit noch fortgesetzt. Die Versuche sind an gesunden Menschen gemacht worden und haben ergeben, dass die Personen, welche sich zu diesem Versuche hergaben, sämmtlich krank geworden sind. Die schädliche Einwirkung von hefetrüben Bieren auf die menschliche Gesundheit scheint also dargethan zu sein. Inwieweit anderwärts derartige Versuche gemacht worden sind, ist mir nicht gegenwärtig. Es war ja a priori anzunehmen, dass ein derartiges Getränk ungünstig wirken würde und die seither angestellten Versuche haben dies bestätigt, sie haben gezeigt, dass die Hauptwirkungen hefetrüber Biere schädliche sind und hiermit stimmt die allgemeine Erfahrung des Bier consumirenden Publikums überein.

Hertz-Würzburg: Ich glaube, dass diese Frage von Medicinern und nicht von Chemikern zu entscheiden ist.

Medicinalrath Egger-Bayreuth: M. H.! So wie ich die Sache auffasse, handelt es sich um zwei verschiedene Standpunkte. Darüber sind wir im Reinen, dass der Genuss von Hefe mit dem Biere im Allgemeinen als schädlich zu betrachten ist. Hierfür dürfen wir nicht nur die gemachten Experimente, sondern auch das allgemeine Volksurtheil als Beweis betrachten. Wir dürfen aber auch nicht aus den Augen verlieren, dass bei der vom Herrn Referenten vorgeschlagenen Resolution 2 es sich um das Vorhandensein von Hefe im Biere unter gewissen Voraussetzungen handelt. Es fragt sich nun, ob unter den angeführten Voraussetzungen die im Biere vorhandene Hefe auch noch gesundheitsschädlich wirkt. Es fehlen uns nach dieser Richtung hin die Versuche und werden wir einstweilen wohl noch die Resultate solcher anzustellenden Versuche abwarten müssen, bis wir uns zur Annahme einer solchen Resolution entschliessen können.

Halenke-Speyer: Ich stimme mit der Ansicht überein, nach welcher stark hefehaltige Getränke gesundheitsschädlich wirken. Es handelt sich hier aber um Getränke, welche bei einem gewissen Gährungsgrade noch einen Hefeschleier zeigen und darum, ob solche Getränke vom Chemiker vor Gericht als gesundheitsschädliche zu verurtheilen sein werden. Darüber kann kein Zweifel bestehen, dass stark junge Biere, bei welchen die Hefe noch im Absetzen begriffen ist, gesundheitsschädlich sind.

Kayser-Nürnberg: Wenn von hefetrüben Bieren ganz allgemein und von einer geringen Trübung als Hefeschleier kurzweg gesprochen wird, so scheint mir, wenn es sich um die Gesundheitsschädlichkeit derartiger Biere handelt, doch nicht gleichgiltig zu sein, welcherlei Arten die trübenden Mikroorganismen angehören. Wir haben bereits vernommen, dass bei den im hygienischen Institute in München ausgeführten Versuchen hierauf keine Rücksicht genommen worden ist.

Will-München: Bei der Resolution liegt der Gedanke zu Grunde, dass man es mit normaler und nicht mit wilder Hefe zu thun habe.

Jegel-Hof: M. H.! Ich habe in der letzten Zeit Untersuchungen von Wasser gemacht und hierbei gefunden, dass im Wasser zwei verschiedene Sprosspilze vorkommen, der eine bildet rosa, der andere gelbgefärbte Culturen. Beide sind unter dem Mikroskope von der Bierhefe nicht zu unterscheiden. Ich frage nun: Wie ist der Chemiker durch die einfache mikroskopische Untersuchung im Stande, mit Sicherheit zu entscheiden, ob in einem Biere nur normale oder auch wilde Hefearten vorhanden seien?

Medicinalrath Schmidt-Würzburg: M. H.! Ich glaube, die bisherige Diskussion hat ergeben, dass die von uns besprochene Frage sich noch in statu nascendi befindet. Wir müssen uns doch bedenken, Beschlüsse über Dinge zu fassen, die noch in der Wiege liegen. Ich schlage daher vor, da die Sache noch nicht spruchreif ist, zur Tagesordnung überzugehen.

Halenke-Speyer: Ich wollte genau dasselbe sagen, wie der Herr Vorredner. Ich schlage also auch vor, uns aller weiteren Beschlüsse hinsichtlich der noch vorgeschlagenen Resolutionen zu enthalten. Ich betrachte das gehörte Referat als eine sehr werthvolle Mittheilung auf diesem Gebiete. Weitere Beschlüsse hierüber zu fassen, müssen wir einer künftigen Versammlung überlassen.

Kayser-Nürnberg: Ich stelle den Antrag der Herren Schmidt-Würzburg und Halenke-Speyer auf Uebergang zur Tagesordnung zur Diskussion.

Medicinalrath Egger-Bayreuth: Ich möchte den Vorschlag machen, Diskussion und Abstimmung hierüber erst nach Erledigung von Punkt 9. unserer Tagesordnung vornehmen zu wollen.

Kayser-Nürnberg: Da sich kein Widerspruch gegen den Vorschlag des Herrn Vorredners erhebt, so werden wir jetzt zu Punkt 9. unserer Tagesordnung übergehen.

Ueber die Untersuchung von Bierabsätzen
von Dr. H. Will-München.

Liegen dem Nahrungsmittelchemiker Biere zur Untersuchung vor, welche die Anwendung des Mikroskopes nothwendig erscheinen lassen, so können zwei Fälle eintreten. Entweder ist nach einigen Stunden Ruhe bereits ein mehr oder weniger starker Absatz in der Probe vorhanden oder aber das Bier zeigt eben erst einen Schleier, ein schwaches Opalisiren, ohne dass noch ein Depot abgesetzt ist.

In den beiden Fällen ist nun der Gang der Untersuchung der folgende. Zunächst wird die Flasche mit der Bierprobe, ohne dass man dieselbe schüttelt oder sonstwie stark bewegt, mit Wasser sauber abgespült, dann desinficirt man den Kopf des Korkstopfens und den ihn umgebenden Theil des Flaschenhalses mit Alkohol, Sublimatlösung, Borsäure oder dergl. und flambirt die Flasche zum Schluss vorsichtig ab. Dann wird ein Korkzieher, der vorher durch die Gaslampe gezogen worden war, vorsichtig in den Kork eingebohrt, wobei jedoch ein völliges Durchbohren des Korkes zu vermeiden ist. Es sind alle diese Massregeln unbedingt nothwendig, wenn anders grobe Täuschungen, welche durch erst nachträgliche Infection des Bieres hervorgerufen werden, ausgeschlossen sein sollen. Nachdem der Kork ausgezogen ist, bespült man die Flaschenöffnung wiederholt mit der Gaslampe. Alles Schütteln der Flasche ist dabei zu vermeiden.

War nun in der Flasche ein Depot vorhanden, so giesst man das über demselben stehende Bier vorsichtig bis auf einen kleinen Rest (vielleicht 50 cc) in der Weise ab, dass man die Flasche immer so schräg hält, dass über dem ausfliessenden Bier für die einströmende Luft ein breiter Kanal bleibt, mit anderen Worten: es ist sorgfältig zu vermeiden, dass die Luft gewaltsam einströmt und dabei das abgesetzte Depot wieder hebt. Der letzte Antheil Bier in der Flasche wird mit dem Depot aufgeschüttelt und in ein Kelch- oder Champagnerglas gegeben, dessen innere Bodenfläche geschliffen ist. Das Glas bleibt dann, mit einer Platte bedeckt, ruhig stehen, bis sich das mit dem Bier aufgeschüttelte Depot wieder an den Wänden und dem Boden des Glases abgesetzt hat.

Nach einiger Zeit entnimmt man dem Bodensatz im Glase entweder direkt mittelst einer fein ausgezogenen, dünnen Glasröhre, welche oben verschlossen bis auf den Boden des Kelchglases eingetaucht wird, eine Probe zur mikroskopischen Untersuchung, oder aber man zieht mit einer sterilisirten Pipette das über dem abgesetzten Depot stehende Bier ab und lässt dasselbe in einem zweiten Kelchglas wiederholt absetzen. Man erreicht auf diese Weise eine, wenn auch sehr grobe Trennung der im Bier enthaltenen Organismen und Beimengungen.

Hatte das zu untersuchende Bier nur einen Schleier, so überzeugt man sich zunächst unter dem Mikroskop, eventuell unter Anwendung von Reagentien, welcher Art die Trübung ist, ob dieselbe durch Harz, Eiweiss, Stärke, Hefe oder Bacterien verursacht ist. Es ist dabei meist unbedingt nothwendig, eine grössere Anzahl von Präparaten zu durchmustern, um bestimmte Anhaltspunkte zur Beurtheilung zu erhalten. Weist die relative Häufigkeit von Hefe und Bacterien darauf hin, dass diese Organismen die Ursache der Trübung sein könnten, dann muss in geeigneter Weise eine Vermehrung derselben eingeleitet werden, um beurtheilen zu können, welcher Art dieselben angehören. Zu diesem Zweck verfährt man am besten in der Weise, dass man eine kleine Menge des Bieres, nachdem dasselbe geschüttelt wurde, mit sterilisirter gewöhnlicher Bierwürze, welche sich in einem Erlenmayer'schen oder noch besser in einem $\frac{1}{8}$ l Pasteur'schen Kölbchen befindet, mischt. Ist der Verschluss der Kölbchen, welche selbstverständlich entweder durch wiederholtes Aufkochen der Würze oder durch vorhergehendes Erhitzen bei 110° im Luftbad sterilisirt sein müssen, durch Watte oder bei den Pasteur'schen Kölbchen durch eine Kautschukkappe hergestellt, so werden dieselben in den Thermostaten bei 25° C. gebracht. Nach 2—3 Tagen ist die Entwickelung der Hefe oder Bacterien so weit vorgeschritten, dass die weitere Untersuchung vorgenommen werden kann. Den Rest des Bieres lässt man in der Flasche, deren Hals wieder sorgfältig gereinigt und mit sterilisirter Watte verschlossen ist, im Laboratorium stehen, um die eventuelle Weiterentwickelung der Trübung oder auch allenfallsige Klärung des Bieres zu verfolgen und später entstehende Absätze wiederholt zu controliren. Hat man auf die eine oder die andere Weise den gegebenen Verhältnissen entsprechend die Bierabsätze vorbereitet, so ist auch hier das erste eine Durchmusterung derselben unter dem Mikroskop.

In Rücksicht der verschiedenen Ursachen, welche Trübung im Biere hervorrufen können, ist natürlich auch das mikroskopische Bild ein sehr verschiedenes.

Bei reinen Harztrübungen, die verhältnissmässig selten sind, finden sich kleine, gelb- bis dunkelbraune Körnchen oder krümelige Massen, welche meist zu grösseren oder kleineren Klümpchen zusammengeballt erscheinen. Dazwischen liegen grössere, rundliche, hellgelbbraune Tropfen oder Körner mit dunklem, scharfem Rand und von starkem Lichtbrechungsvermögen, welche zumal dann, wenn mehrere derselben ähnlich wie Sprosszellen in Verbindung stehen, alter, wilder Hefe oder Torulaähnlichen Organismen sehr ähnlich sind. Um jede Täuschung in dieser Richtung auszuschliessen und Hefe sowie Bacterien, welche möglicherweise von den Harzausscheidungen umschlossen sind, herauszufinden, setzt man dem Präparat zur Lösung der Harzausscheidungen einen Tropfen Kalilauge (10 $\frac{0}{0}$) zu.

Stärke-Trübungen, welche ja immer auf einen völlig fehlerhaften und die Grundprincipien des Brauprocesses nicht berücksichtigenden Betrieb hinweisen, kommen unter Umständen sehr häufig vor und sind, da die Hefe nicht die günstigsten Ernährungsverhältnisse während der Gährung in der Würze vorfindet, von Hefe- und wohl ebenso oft auch von Bacterientrübung begleitet. Die Gegenwart von Stärke ist in erster Linie makrochemisch nachzuweisen, da dieselbe mit dem Mikroskop meist sehr schwierig zu erkennen ist. Selten finden sich nämlich noch völlig intacte oder in Auflösung begriffene Stärkekörner; gewöhnlich sind es kleine, flockige Ausscheidungen oder häutige Massen, welche die Stärkereaction geben. Ist die Trübung nur schwach, so ist die Erkennung der Stärke mit dem Mikroskop kaum möglich; die Untersuchung wird aber aus diesem Grunde meist einen Fingerzeig geben, welcher Art die Trübung sein wird.

Es dürfte an dieser Stelle auch darauf hingewiesen werden, dass bei stark vergohrenen und lang gelagerten Bieren aus nicht völlig verzuckerten Würzen Ausscheidungen von Erythrodextrinen entstehen können, welche in ihrem Aeusseren denen von Eiweiss und Stärke meist sehr ähnlich sind; Lintner sen. hat auf diese sogen. Kleistertrübung in der Zeitschrift für das gesammte Brauerwesen aufmerksam gemacht. Bei Zusatz von Jod erhält man weder Eiweiss- noch Stärkereaction, nachdem sich das Jod-Erythrodextrin in der Farbennüance wenig von der des Bieres unterscheidet. An der wissenschaftlichen Station für Brauerei ist ein einfaches Verfahren eingeführt, welches leicht und mit grösster Sicherheit die geringsten Mengen von Erythrodextrin und Stärke in Bier und Würze nachweisen lässt und welches sich vorzüglich bewährt hat. Man setzt zu 5—10 cc des zu prüfenden Bieres das 4—5fache Volumen Alkohol und schüttelt die Mischung stark durch. Die flockig ausgeschiedenen Dextrine und Stärke werden nach dem Absitzen und Abgiessen der gefärbten alkoholischen Flüssigkeit in sehr wenig Wasser unter Aufschütteln gelöst. Bei Gegenwart von Stärke entsteht dann bei Zusatz von Jodjod-Kaliumlösung die violette oder eine röthlichviolette Färbung, während bei Gegenwart von Erythrodextrin in der fast farblosen Lösung eine mehr oder weniger starke röthliche Färbung entsteht. Beide Färbungen können von der Farbe der Jodlösung leicht unterschieden werden.

Sind die Trübungen gleichzeitig von Hefe und Bacterien begleitet, so wird die Beurtheilung noch mehr erschwert. Es empfiehlt sich bei jedem trüben Bier die Stärke- und Erythrodextrinreaction zu machen. In welcher Weise gleichzeitig auftretende Bacterien und Hefe, welche bei stärketrüben Bieren sehr häufig den sogenannten wilden Arten angehören, weiter zu untersuchen sind, ergiebt sich aus dem Folgenden.

Bei Eiweisstrübungen sind flockige Ausscheidungen vorhanden, welche sich nach längerem Stehen zu Boden setzen. Unter dem Mikroskop zeigen sich häutige, meist gelblich gefärbte Massen, welche die bekannten Eiweissreactionen geben. Wie die Stärketrübungen sind auch die Ausscheidungen von Eiweiss meist von Hefe und zwar hier auch wieder häufig von wilden Arten, sowie Bacterien begleitet.

Bei der Beurtheilung bacterientrüber Biere ist zu berücksichtigen, dass jedes Bier, wenn auch in sehr geringer Menge, Bacterien vom Lagerkeller mit sich bringt, nachdem, abgesehen von der reingezüchteten Hefe, schon fast jede gewöhnliche Brauhefe Bacterien der verschiedensten Art, am häufigsten Sarcina, in die Gährung mit einführt, welche unter ungünstigen Verhältnissen in warmen Kellern rasch zur Entwickelung kommen. Der gleiche Fall kann eintreten, wenn die zur Untersuchung übersandten Proben während des Transportes schlecht behandelt wurden. — Bei der Untersuchung von Depots aus bacterientrüben Bieren genügt in den meisten Fällen eine einfache mikroskopische Untersuchung gefärbter oder ungefärbter Präparate. Die so häufig auftretenden Sarcina-Arten, Bacterium subtile und aceti sind als solche leicht zu erkennen. Bei genaueren Untersuchungen müssen die Plattenculturen Platz greifen, welche das Material für genauere Diagnosen liefern. Bacterientrübe Biere enthalten fast immer auch Hefe.

In den weitaus meisten Fällen sind Trübungen im Bier durch Hefe verursacht, welche unter Umständen rein auftritt, meist aber auch von Bacterien begleitet ist. Die Bilder, welche sich bei der mikroskopischen Durchmusterung eines auf die eine oder die andere Weise, wie eben angegeben, gewonnenen Depots darbieten, können sehr verschiedener Art sein. Entweder sind die Hefezellen nach Form und Grösse ziemlich gleichmässig und geben Bilder, welche denjenigen einer guten Brauhefe ähnlich sind; andererseits aber kann die Form und Grösse der Zellen sehr ungleichmässig sein. Zwischen Zellen von normaler Form und Grösse, also solchen, welche mehr oder weniger ovoidische Form bei 8—9 μ Längsdurchmesser zeigen, kommen sehr kleine, oft nur 1—2 μ grosse Zellen vor; die ovoidische Form geht in eine langgestreckte über; manchmal sind dieselben Mycelbildungen ähnlich. Der Formenreichthum ist oft ein so mannigfaltiger, dass eine Sichtung und Scheidung derselben nicht möglich ist. Neben den Hefezellen finden sich dann meist noch Ausscheidungen von Hopfenharz, Gelägertheilchen und häufig Bacterien. — Um nun zunächst Irrthümern in Beziehung auf die Bacterien und Geläger-, sowie Hopfenharzausscheidungen zu entgehen, ist es nothwendig, letztere zu lösen oder wenigstens aufzuhellen. In den meisten Fällen genügt der Zusatz eines Tropfens einer 10 $\frac{0}{0}$ Kalilauge, um Gewissheit über die Gegenwart von Sarcina, Bacterium subtile etc. zu bekommen. Liegt es im Interesse der Untersuchung, die Arten der Bacterien behufs genauer Feststellung derselben zu trennen, dann muss wiederum die Plattencultur angewendet werden.

Wie ist es nun möglich, die in dem gegebenen Depot enthaltenen Hefearten herauszufinden, nachdem es doch von principieller Bedeutung ist, festzustellen, ob dasselbe nur aus normaler Unterhefe oder aus Arten besteht, von welchen einzelne als die Ursachen von Krankheiten des Bieres, schwer sich klärender Hefetrübungen und Geschmacksveränderungen durch exact experimentelle Untersuchungen bekannt geworden sind.

Die Unterscheidung der einzelnen Arten ist früher in erster Linie auf rein morphologische Charaktere basirt gewesen, die Arten wurden nach Form und Grösse der Hefezellen unterschieden. Es wurden gewisse Formtypen aufgestellt, wie z. B. für S. Pastorianus die Keulenform als charakteristisch galt; allein eine solche scharfe Begrenzung und Unveränderlichkeit der Form kommt bei der Hefe nicht vor. Selbst der S. apiculatus, der, wenn typisch ausgebildet, durch seine citronenförmigen, an den Polen zugespitzten Zellen leicht erkennbar ist, wechselt wie die übrigen Hefearten durch äussere Einflüsse seine Gestalt sehr leicht.

Erst die jüngst erschienenen vorzüglichen Arbeiten von Emil Christian Hansen in Kopenhagen über die Kahmhautbildungen haben den exacten Beweis für die ausserordentliche Variabilität der Form gewisser Hefen, der Pastorianus- und anderer Arten bei Berührung mit sehr viel Luft wieder nachgewiesen; allerdings hat sich auch hier wieder gezeigt, dass, wenn eine Hefeart rein vorliegt, bei der Cultur unter denselben Bedingungen immerhin gewisse charakteristische Formgestaltungen sich herausfinden lassen, deren Unterschiede gegenüber anderen Arten aber sehr feine sind. In Gemengen dagegen sind die einzelnen Arten nicht mehr zu unterscheiden.

Die Schlussfolgerungen, welche sich aus dieser Auseinandersetzung ergeben, sind die, dass es nicht möglich ist nach der Form der Hefenzellen deren Zugehörigkeit zu einer Art zu bestimmen und dass man sehr grobe Irrthümer begehen würde, wenn man bei der Beurtheilung von Hefetrübungen sich nur auf die einfache mikroskopische Untersuchung stützen würde. Die sichere Unterscheidung der einzelnen Arten ist nach dem jetzigen Standpunkt unserer Kenntnisse nur durch die Sporenbildung, soweit eine solche überhaupt vorkommt, möglich.

Die Vermehrung der Hefezellen vollzieht sich nämlich einmal durch Sprossung, dann aber werden auch unter ganz besonderen Umständen Sporen im Inneren einzelner Zellen erzeugt. Diese von Reess entdeckten Sporen entstehen in der Weise, dass sich in besonders lebenskräftigen Zellen das Protoplasma nach verschiedenen einleitenden Prozessen in mehrere Portionen theilt, welche sich mit einer Membran umgeben und ebenfalls durch Sprossung vermehren, wobei die anfangs kleinen Sprosszellen von Generation zu Generation hinsichtlich ihrer Grösse der Mutterzelle sich wieder nähern.

Die Bedingungen, unter welchen die Sporenbildung eintritt, sind in erster Linie Entziehung der Nahrung in Form von Nährlösungen, dann Feuchtigkeit und Wärme. Besonders der letztere Factor ist sehr bedeutungsvoll und geben die drei Cardinalpunkte der Temperatur, bei welcher die Sporenbildung erfolgt, das Maximum, Optimum und Minimum, wie ich durch eigene Untersuchungen bestätigen konnte, constante und durchgreifende Unterscheidungsmerkmale ab. In der folgenden Tabelle sind nach Hansen, welchem wir diese wichtigen Untersuchungen verdanken, die Temperaturgrenzen, innerhalb welcher bei den in der ersten Columne aufgeführten Hefearten die Sporenbildung eintritt, zusammengestellt. Die unteren und oberen Grenzen der einzelnen Arten liegen allerdings häufig sehr nahe beisammen, jedoch lässt sich aus der Tabelle ersehen, dass, wenn die unteren Grenzen nahe an einander gerückt sind, die oberen Grenzen differiren und umgekehrt.

Tab. I.

	Maximum ° C.	Minimum ° C.
Saccharomyces cerevisiae I. (Oberhefe) .	37,0—37,5	9,0—11,0
⸗ Pastorianus I.	30,5—31,5	0,5—3,0
⸗ ⸗ II.	28,0—29,0	0,5—3,0
⸗ ⸗ III.	28,0—29,0	4,0—8,5
⸗ ellipsoideus I.	31,5—32,5	4,0—7,5
⸗ ⸗ II.	34,0—35,0	4,0—8,0

Das Optimum der Sporenentwickelung in Beziehung auf Temperatur, d. h. derjenige Temperaturgrad, bei welchem innerhalb der kürzesten Frist die ersten Sporenanlagen sichtbar werden, ist in der folgenden Tabelle, welche gleichzeitig die für die Temperatur von 19° C. zur Sporenentwickelung erforderliche Zeit enthält, angegeben.

Tab. II.

	Temperatur ° C.	Zeit Stunden.	Temperatur ° C.	Zeit Stunden.
Saccharomyces cerevisiae I. (Oberhefe)	30,0	20	19	39
	(25,0)	(23)	—	—
≠ Pastorianus I. . . .	27,5	24	19	32
≠ ≠ II. . . .	25,0	25	19	32
≠ ≠ III. . . .	25,0	28	19	35
≠ ellipsoideus I. . . .	25,0	21	19	30
≠ ≠ II. . . .	29,0	22	19	38
	(25,0)	(27)	—	—

Nahe bei dem Temperatur-Maximum verlangt die Sporenbildung 30 und mehr Stunden; bei c. 25⁰ C. werden, wie aus der zweiten Tabelle ersichtlich ist, die Zeitdifferenzen geringer. Am auffälligsten sind dieselben bei niederen Temperaturen; noch ausgesprochener wird dieser Unterschied, wenn man die Zeit vergleicht, welche bei einer Temperatur von 11,5⁰ C. die einzelnen Arten zur Sporenentwickelung nöthig haben. Der oben angeführte S. cerevisiae I. braucht 10 Tage, während S. Pastorianus I. und II. weniger als 4 Tage nothwendig haben.

In gleicher Weise unterscheiden sich die verschiedenen im Braugewerbe cultivirten Arten oder Racen der Unterhefe, welche den localen Anforderungen entsprechend sich bezüglich Vergährungsgrad und Geschmack des erzeugten Bieres sehr verschieden verhalten, durch die Zeit, innerhalb welcher bei gleicher Temperatur die Sporenbildung eintritt.

Die folgende Tabelle giebt zum Vergleich für einige näher untersuchte Unterhefen die Zeit an, innerhalb welcher die Sporenbildung bei 25⁰ und bei 19⁰ C. eintritt.

Tab. III.

	Temperatur ° C.	Zeit Stunden.	Temperatur ° C.	Zeit Stunden.
1.	24—25	31	19—20	50
2.	24—25	32	19—20	56
3.	25	31	19—20	47
4.	25	40	19—20	52
5. Carlsberger Race I. . .	25	5 Tage	—	—

Im Allgemeinen erfolgt also die Sporenbildung gegenüber den in der Tabelle II. aufgeführten Arten nicht so leicht und ist die Sporenentwickelung eine viel langsamere. Auch dürfte das Temperaturminimum nicht so niedrig wie bei den Pastorianus- und Ellipsoideus-Arten liegen. Bei 25⁰ C. und den angrenzenden Temperaturen erfolgt die Sporenbildung später als bei den oben angeführten Arten und zwar in der Weise, dass, wenn ein Gemisch dieser Arten und Unterhefe vorliegt, die Pastorianus-, Ellipsoideus- und sonstige hierher gehörige Arten bereits reife, die Mutterzellmembran durch Aufquellen prall ausfüllende Sporen zeigen, während die Zellen der Unterhefe erst die vorbereitenden Schritte zur Sporenbildung gethan, keineswegs aber noch Membranen entwickelt haben.

Es ist also aus den eben angeführten Thatsachen leicht zu ersehen, dass wirklich die Sporenbildung zur Unterscheidung einer Reihe von Arten benutzt werden kann; andererseits wird es aber auch klar geworden sein, auf welch exacte Untersuchungen diese Unterscheidung basirt ist.

Die Grenze, bis zu welcher die sichere Erkennung von den einer Unterhefe beigemischten anderen Arten (Pastorianus etc.) geht, ist eine sehr hohe, wenn speciell noch berücksichtigt wird, dass nicht jede Zelle die Fähigkeit besitzt, Sporen zu bilden. Von Holm und Poulsen, welche mit Pastorianus I. und III., sowie S. ellipsoideus experimentirten, ist durch exacte Untersuchungen festgestellt worden, dass sich deren Gegenwart, wenn auch schwierig aber sicher, sogar noch bei nur $\frac{1}{2}\frac{0}{0}$ nachweisen lässt.

Als ein sehr wichtiger Punkt, der auf die Sporenbildung einen Einfluss ausübt, kommt der Umstand in Betracht, dass es durchaus nicht gleichgültig ist, unter welchen Verhältnissen die Zellen der zu unterscheidenden Arten gezüchtet wurden. Wenn die Temperatur auf die Zeit, innerhalb welcher die ersten Sporenanlagen wahrnehmbar werden, beziehungsweise überhaupt dafür massgebend ist, ob Sporen gebildet werden können, so spielt dieselbe, wie man sich leicht überzeugen kann, bei der Behandlung v o r der Untersuchung auf Sporenbildung eine grosse Rolle. Es ist von grosser Wichtigkeit, dass die zu unterscheidenden Arten vorher bei ganz g l e i c h e r Temperatur innerhalb g l e i c h e r Zeiten behandelt wurden, denn nur so lassen sich nach den eben angeführten Gesichtspunkten sichere Schlüsse ziehen. Werden die Bedingungen nicht ganz genau eingehalten, so bilden die Hefen, wie dies durch exacte Untersuchungen für S. Pastorianus I. von Hansen nachgewiesen ist und wie mir dies die Erfahrung selbst gezeigt, entweder überhaupt keine Sporen, oder es erfolgt eine Verzögerung von mehreren Stunden. Die Hefezellen müssen jung sein und sich in vollster Gährthätigkeit befinden, das Protoplasma derselben soll wenig Vacuolen enthalten; bei alten und durch lange Gährung geschwächten Zellen erfolgt die Sporenbildung viel langsamer.

S. apiculatus entwickelt, soweit dies bis jetzt bekannt ist, keine Sporen und seine Gegenwart kann allein nur nach der charakteristischen Citronenform der Zellen constatirt werden, von denen wenigstens einige bei genauer Durchmusterung des Hefedepots sich werden finden lassen. Uebrigens kommt S. apiculatus in Bieren, soweit die an der Station gemachten Erfahrungen gehen, weniger oft vor.

Die verschiedenen Pastorianus- und Ellipsoideus-Arten, S. exiguus, apiculatus etc. hat Hansen gegenüber den zielbewusst von den Brauern gezüchteten Arten und Racen nach ihrem Vorkommen in der freien Natur auf süssen Früchten etc. auch als „wilde" Hefen bezeichnet und spricht man allgemein von durch „wilde" Hefe oder durch normale Unterhefe erzeugten Trübungen.

Nachdem nun die Thatsachen dargelegt sind, auf welche sich die Beurtheilung der in hefetrüben Bieren vorkommenden Hefearten begründen muss, soll die praktische Durchführung der Untersuchung, so wie sich dieselbe auf Grund der Untersuchungen Hansens und eigener Erfahrung an der wissenschaftlichen Station für Brauerei im Laufe der Zeit entwickelt und bewährt hat, im Wesentlichen beschrieben werden.

Hat man auf die eine oder die andere Weise, wie oben angegeben, ein Hefedepot aus dem zu untersuchenden Bier erhalten, so muss von diesem wiederholt eine kleine Menge in frische Würze gebracht werden, oder aber man giesst nur die vergohrene Würze über der am Boden des

Kölbchens abgesetzten Hefe vorsichtig ab und füllt frische Würze auf. Die Gährkölbchen bringt man sodann in den Thermostaten bei 25° C. Nach 24 Stunden, während welcher Zeit die Würze in lebhafte Gährung versetzt sein muss, schüttelt man dieselbe auf, um die Hefe gleichmässig zu vertheilen.

Inzwischen hat man sich einen kleinen Gipsblock von cylindrischer oder Tafel-Form zur Aufnahme der Hefe vorbereitet. Der Gipsblock wird sorgfältig durch Abschaben von Staub etc. gereinigt und dann sterilisirt, indem man denselben vorsichtig durch eine Gasflamme zieht. Bei zu starkem Erhitzen springen die Blöcke leicht und werden, in Wasser gebracht, krystallinisch, wodurch die Sporenentwickelung entweder verzögert oder überhaupt völlig hintan gehalten wird.

Der sterilisirte Gipsblock wird von einer Glasdose, die ebenfalls auf das Sorgfältigste sterilisirt sein muss, aufgenommen. Eine einfache mit einer übergreifenden Glasplatte bedeckte Krystallisirschale kann bei richtiger Behandlung denselben Zweck wie Glasdosen, wie sie z. B. von den Zoologen zur Aufbewahrung von Präparaten benutzt werden, erfüllen. Hansen bedient sich, wie ich aus mündlichen Mittheilungen weiss, eigens zur Sporencultur hergestellter Glasdosen mit Thermometer und sonstigen Sicherheitsvorrichtungen. Der Gipsblock wird sodann mit sterilisirtem Wasser in der Weise angefeuchtet, dass man eine kleine Menge Wasser auf den Boden der Glasdose giesst und damit solange fortfährt, bis sich der Block von unten her völlig mit Wasser vollgesogen hat. Zuletzt giesst man noch so viel Wasser zu, dass dasselbe 2—3 mm hoch in der Dose steht. Der Gipsblock ist so zur Aufnahme der Hefe bereitgestellt.

Von der in der Würze vertheilten Hefe giesst man eine kleine Menge in ein sterilisirtes Becherglas und überträgt dieselbe von hier aus mit einem Glasstab auf den Gipsblock, indem man den am Glasstab hängenden Tropfen mit einem oder mehreren Strichen auf der feuchten Oberfläche des Blockes vertheilt. Von grosser Wichtigkeit ist die Menge der Hefe, welche aufgetragen werden darf, wenn anders die Sporencultur von Erfolg sein soll. Die Hefe soll ja mit möglichst viel Luft in Berührung kommen; es ist deshalb zu vermeiden, eine zu grosse Menge aufzutragen; andererseits erschwert eine zu dünne Hefeschicht die Aufsuchung der Zellen mit Sporen. Bei Gegenwart von Bacterien in einem Hefedepot nehmen dieselben in zu dicken Schichten in kurzer Zeit auf Kosten der Hefezellen so überhand, dass die Sporenentwickelung gestört wird. Hat man das günstigste Mischungsverhältniss getroffen, so erscheinen die Streifen, auf welchen die Hefe aufgetragen ist, seidenglänzend.

Die Glasdose mit dem Gipsblock bringt man in den Thermostaten bei 25° C. Nach Verlauf von 30—35 Stunden entnimmt man den Hefestreifen Proben und durchmustert dieselben unter dem Mikroskop. Sind, wie schon erwähnt, nach dieser Zeit bereits Zellen mit völlig reifen Sporen vorhanden, so liegen „wilde" Hefen oder wenigstens sehr leicht sporenbildende Arten (Oberhefe), aber keine Unterhefe vor. Durch wiederholte Beobachtungen ist sodann der weitere Verlauf der Sporenbildung zu verfolgen. In besonderen Fällen wird es nothwendig werden, die Sporencultur bei verschiedenen niederen Temperaturen zu machen, damit die Unterschiede zwischen Unterhefe und anderen Arten schärfer hervortreten.

Die Sporencultur kann auch anstatt auf Gipsblöcken, wie sie von Engl eingeführt wurden, auf Biscuitmasse, Gelatine und ähnlichen Substraten gemacht werden, wenn sie nur die angegebenen Bedingungen erfüllen, jedoch hat sich die Gipsblockcultur als die einfachste und praktischste erwiesen.

Sollte in einzelnen Fällen dieses rein summarische Verfahren der Unterscheidung zwischen Unterhefe und wilden Hefenarten nicht genügend erscheinen, vielmehr sich die Nothwendigkeit herausstellen, eine genaue Analyse der anwesenden Hefearten zu machen, so müsste eine grosse Anzahl von Reinculturen hergestellt werden, von welchen jede wieder auf Sporen zu untersuchen wäre, eine Arbeit, die monatelange Zeit in Anspruch nimmt. Unter gewöhnlichen Verhältnissen ist das summarische Verfahren, welches nur wenige Tage beansprucht, völlig ausreichend.

So einfach nun die angegebene Methode erscheint, so ist doch auf das Nachdrücklichste darauf hinzuweisen, dass nur bei genauester Einhaltung aller Bedingungen die Sporenbildung eintritt; es ist ferner darauf hinzuweisen, dass eine grosse Menge von Fehlerquellen durch nachträgliche Infection der Sporencultur sich einschleichen können, dass also mit der grössten Reinlichkeit gearbeitet werden muss, wenn anders die Schlussfolgerungen, welche aus den Resultaten der Sporencultur gezogen werden, den thatsächlichen Verhältnissen entsprechen sollen. Es erfordert jedenfalls längere Uebung und völliges Vertrautsein mit den Zufälligkeiten, welche sich bei der Sporencultur einstellen können, wenn man sichere Resultate erzielen will.

Kayser-Nürnberg: M. H.! Es gelangt jetzt der Antrag der Herren Schmidt-Würzburg und Halenke-Speyer auf Uebergang zur Tagesordnung zur Diskussion.

Medicinalrath Egger-Bayreuth: M. H.! Wir begrüssen es sicher Alle mit grossem Danke, die Resultate eines fortgesetzten Studiums über das Hefeleben im Biere so klar und in so übersichtlicher Weise kennen gelernt zu haben, wie sie uns vom Herrn Referenten vorgetragen worden sind. Allein ich zweifle nicht, dass Sie Alle mit mir darin übereinstimmen werden, dass in dem eben Vernommenen nur die eine Seite der Frage klar gestellt ist. Eine solche Klarstellung nach der anderen Seite hin fehlt. Hier muss das physiologische Experiment gleichen Schritt halten mit dem Studium der Hefezellen. Für den Chemiker ist die Sache noch nicht so weit geklärt, dass er die Schädlichkeit oder Unschädlichkeit eines Bieres mit Hefeschleier als bewiesen annehmen könnte. Wir müssen diesen Gegenstand noch weiteren Forschungen überlassen.

Kayser-Nürnberg: Da sich Niemand mehr zum Worte gemeldet hat, so schliesse ich die Diskussion und bringe den Schlussantrag der Herren Schmidt und Halenke zur Abstimmung; nach Annahme dieses Antrages würde also die Versammlung sich für ausser Stande erklären, schon heute bestimmte Stellung für oder wider die Resolutionen 2., 3. und 4. zu nehmen.

Der Antrag wird einstimmig angenommen.

Kayser-Nürnberg: Ich stelle jetzt das Referat: zur Beurtheilung saurer Biere, zur Diskussion. Es wünscht Niemand das Wort. Da kein sich auf diesen Gegenstand beziehender Antrag gestellt worden ist, so gehen wir zu Punkt 4. unserer Tagesordnung über.

Referat über die zulässige Grenze von mineralischen Verunreinigungen des gemahlenen Pfeffers

von A. Halenke-Speyer.

Die Untersuchung und Beurtheilung von gemahlenen Gewürzen ist ein schwieriges Problem für den Nahrungsmittelchemiker, dessen Lösung dadurch nicht leichter wird, dass die gemahlenen Gewürze, insbesondere der Pfeffer, in der mannigfaltigsten und raffinirtesten Weise verfälscht werden. Die Schwierigkeit in der Beurtheilung ist um so grösser, als man bisher gewisse Usancen im Gewürzhandel zu berücksichtigen hatte, Usancen, auf welche sich die Gewürzimporteure und Gewürzhändler mit aller Zähigkeit stützen und bei deren unbedingter Anerkennung seitens der Nahrungsmittelchemiker der Unreellität im Gewürzhandel, die eine allseitig anerkannte ist, nur schwierig oder nicht beizukommen ist.

Es ist nicht meine Aufgabe, über Untersuchung und Beurtheilung von Gewürzen im Allgemeinen zu sprechen, mein Referat beschränkt sich nur auf den Pfeffer und in Bezug auf dieses Gewürz wieder nur auf die Frage: Inwieweit erscheint bei gemahlenem Pfeffer ein Gehalt an Gesammtasche, sowie ein Gehalt an Sand, beziehungsweise an in ClH unlöslichem Aschenrückstand zulässig. Zur Gewinnung einer brauchbaren Grundlage für unsere Berathungen erscheint es nothwendig, den sicheren Weg der exacten Beobachtung und der Erfahrung nicht zu verlassen und da meines Wissens eingehendere Erfahrungen in Bezug auf die vorliegende Frage nur für den gemahlenen Pfeffer bekannt sind, so muss von einer Ausdehnung des Referats auf andere Gewürze vorläufig Abstand genommen werden.

Der Bericht über die vierte Versammlung der freien Vereinigung bayrischer Vertreter der angewandten Chemie enthielt auf Seite 104—110 ein Referat von mir über Verfälschung von Pfeffer mit verschiedenen Materialien, unter anderen auch mit Sand. Der letztere Ausdruck ist der Bequemlichkeit wegen gewählt und es soll darunter lediglich der in verdünnter ClH unlösliche Aschenrückstand verstanden sein. Der schon früher von mir beobachtete, zuweilen eine ganz exorbitante Höhe erreichende Gehalt gemahlener Pfeffer an Sand veranlasste mich, diese Frage bei Gelegenheit zur Sprache zu bringen. Die Sache erschien mir um so wichtiger, als eine Verfälschung bei in so hohem Grade sandhaltigen Pfeffern von den Lieferanten, Importeuren und Händlern schlechterdings in Abrede gestellt und die Frage einer Verpflichtung, diese dem Rohmateriale anhaftenden mineralischen Verunreinigungen vor dem Mahlen des Pfeffers zu beseitigen, von Seite der Händler und Gewürzmüller verneint wird.

Man geht seitens der Importeure so weit, aus dem Umstande, dass die Zollbehörden den mit Sand, Pfeffergrus, Steinchen u. s. w. mehr oder minder verunreinigten Rohpfeffer gerade so wie reinen Pfeffer besteuern, die Berechtigung abzuleiten, solchen Pfeffer auch nach dem Mahlen als reinen, unverfälschten Pfeffer in den Handel zu bringen. Zwei an uns zur Untersuchung gelangte, im gemahlenen Zustande importirte Pfeffer, die in der angedeuteten Richtung typisch erscheinen, zeigten folgende Zusammensetzung.

	No. 1.	No. 2.
Reiner Pfeffer	38,1 %	58,0 %
Pfefferschalen, Pfeffergrus u. s. w.	57,1 =	38,6 =
Sand	4,8 =	3,4 =
Gesammtasche	10,75 =	8,55 =

Auch hinter der Waarenunkenntniss der Zollbehörden suchen sich die unreellen Pfefferimporteure zu verschanzen und es ist mir ein Fall bekannt, in welchem ein Pfeffermüller die Verwendung der als officinell bekannten Grana Paradisi zur Pfefferverfälschung damit zu entschuldigen versuchte, dass die Zollbehörde diese Paradieskörner sich habe als Pfeffer versteuern lassen.

Was den von mir beobachteten Gehalt an Asche und in Cl H unlöslichen Aschenrückstand anbelangt, so habe ich der citirten Publication auf Seite 106 des Berichts der vierten Versammlung bayrischer Vertreter der angewandten Chemie 14 analytische Belege beigefügt, die an Deutlichkeit Nichts zu wünschen übrig lassen. Die von mir gefundenen Zahlen bewegen sich zwischen 8,2 % Gesammtasche mit 4,0 % in Cl H unlöslichem Aschenrückstande und 35,2 % Gesammtasche mit 27,0 % in Cl H unlöslichem Aschenrückstand. Diese Belege erfuhren inzwischen noch eine wesentliche Erweiterung und das vorhandene Material ist geeignet genug, einen Einblick in die zweifelhafte Reellität des Pfefferhandels zu gewähren. Es erschien mir im Hinblick auf die gemachten Beobachtungen und Erfahrungen unerlässlich, unter den Nahrungsmittelchemikern eine Einigung in Bezug auf den Gehalt von gemahlenen Pfeffern an Gesammtasche, sowie insbesondere auch in Bezug auf den Gehalt an in Cl H unlöslichem Aschenrückstande zu erstreben, da im anderen Falle Differenzen in der Beurtheilung derartiger gemahlener Pfeffer zwischen den verschiedenen Chemikern kaum zu vermeiden sind, während solche Differenzen doch im Interesse des Ansehens der Sachverständigen und im Interesse der Sache selbst vermieden werden sollten.

Diese Einigung bildet den Zweck des vorstehenden Referats.

Zur Entscheidung der Frage nach der zulässigen Grenze für den Aschengehalt von gemahlenen Pfeffern erscheint es nothwendig zu wissen, innerhalb welcher Grenzen sich der Aschengehalt bei den Pfeffersorten verschiedener Provenienz bewegt. Nach den Angaben der mir zugänglichen Literatur über diesen Gegenstand wurden bisher folgende Aschengehalte für reinen Pfeffer ermittelt:

	Für schwarzen Pfeffer	Für sog. weissen Pfeffer
Nach König[1]	3,3—5,3 $\frac{0}{0}$ —	0,79 $\frac{0}{0}$
= Röttger[2]	3,4—5,1 = —	0,8—2,9 =
= Bissinger und Henking[3] . .	3,4—5,6 = —	—
= Halenke und Möslinger[4] . .	4,0—5,1 = —	1,4—2,9 =

Was den Gehalt der reinen Pfeffer an in Cl H unlöslichem Aschenrückstand anbelangt, so sind die Angaben hierüber nur sehr beschränkte, obgleich gerade dieser Punkt von wesentlicher Bedeutung für die Beurtheilung gemahlener Pfeffer ist. Nach Bissinger und Henking[5] betrug der in Cl H unlösliche Aschenrückstand bei einer Anzahl ausgesuchter Pfeffersorten 0,02—0,17 $\frac{0}{0}$, nach unseren eigenen Beobachtungen 0,3—0,8 $\frac{0}{0}$. Angesichts der hinlänglich bewiesenen Thatsache, dass gemahlene Pfeffer mit einem Aschengehalte bis zu **35** $\frac{0}{0}$ und mit einem in Cl H unlöslichen Aschenrückstande bis zu 27 $\frac{0}{0}$ in den Handel gelangen, frägt es sich, welche Concessionen der Chemiker den commerziellen Verhältnissen zu machen im Stande ist, wie sie im Pfefferhandel in dieser Richtung bislang üblich sind. Nach den Anschauungen der Pfefferimporteure hat ein Pfeffer mit 25—30 $\frac{0}{0}$ Aschengehalt noch Anspruch auf die Bezeichnung einer handelsmässigen Waare und es kann wohl kaum erwartet werden, dass diese Anschauungen von den Nahrungsmittelchemikern getheilt werden. Um so befremdender war es mir, aus dem Lager der letzteren eine Stimme zu vernehmen, welche die Erhöhung der für reine, gemahlene Pfeffer bisher als zulässig erachteten Grenze für den Aschengehalt von 6,5 $\frac{0}{0}$ auf 10 $\frac{0}{0}$ befürwortete mit der Motivirung, dass durch die Beseitigung des dem Pfeffer anhängenden Staubes, der zumeist aus Sand bestehe, für Deutschland eine jährliche Einbusse von 600 000 Mk. entstände und dass ausserdem die dem Pfeffer beigemischten Steine, die durch Absieben nur schwer zu beseitigen wären, eine solche Erhöhung der zulässigen Aschengrenze unbedingt erforderten. Ich für meine Person stehe nicht auf diesem Standpunkt und kann mich den gemachten Vorschlägen bezüglich der Erhöhung der zulässigen Aschengrenze schon um dessenwegen nicht anschliessen, weil gerade durch eine solche Erhöhung dem bisherigen unredlichen Gebahren im Pfefferhandel nur Vorschub geleistet und der Verfälschung der gemahlenen Pfeffer Thür und Thor geöffnet würde. Es erscheint mir sehr gewagt, von einer Einbusse zu sprechen, wenn es sich um die mit Recht zu fordernde Beseitigung des Pfefferstaubes handelt. Ich halte es weit eher für einen wirthschaftlichen Gewinn denn für eine Einbusse, wenn für die Zukunft eine so horrende Summe, welche bezeich-

---

[1] Chemische Zusammensetzung der menschlichen Nahrungs- und Genussmittel, II. Aufl. pag. 147—148.

[2] Bericht über die vierte Versammlung der freien Vereinigung bayrischer Vertreter der angewandten Chemie, pag. 97—104.

[3] Chemiker-Zeitung, Jahrg. 1886. Nr. 29. pag. 74.

[4] Bericht über die vierte Versammlung der freien Vereinigung bayrischer Vertreter der angewandten Chemie pag. 104 ff.

[5] Chemiker-Zeitung, Jahrg. 1886. Nr. 29. pag. 74.

nend genug für die Usancen im Pfefferhandel ist, nicht mehr für ein als Nahrungs- oder Genussmittel vollkommen werthloses Material, wie es der Pfefferstaub ist, verausgabt wird. Der Umstand, dass der letztere sicher auch nicht gesundheitsschädlich ist, wie von den chemischen Fürsprechern des Pfefferstaubes angeführt wird, ist für die vorliegende Frage bedeutungslos. Zudem bietet die Beseitigung dieses Staubes, der zumeist aus erdigen Beimengungen besteht, anerkanntermassen keine Schwierigkeiten, die letzteren bestehen höchstens für die Befreiung des ganzen Pfeffers von den gleich grossen Steinchen, welche durch Absieben nicht so leicht vom Pfeffer zu trennen sind. Allein meiner Ansicht nach kann eine eventuelle Schwierigkeit in dieser Beziehung für uns kein Grund sein, von der an den gemahlenen Pfeffer in Bezug auf seine Reinheit billiger Weise zu stellenden Forderung abzustehen. Wir sind im Gegentheil verpflichtet, diese Forderung auf das Bestimmteste geltend zu machen und ich hege die Ueberzeugung, dass wir dadurch eine wirksame Pression auf die Beseitigung notorischer Missstände im Pfefferhandel, die von den Interessenten so gerne als kaufmännische Usancen hingestellt werden, zu üben vermögen. Es ist bekannt, dass die Verfälschung des gemahlenen Pfeffers nicht ein ausschliessliches Vorrecht des Inlandes ist, sondern dass man sich mit der betrügerischen Beschwerung des ungemahlenen Pfeffers in ziemlich raffinirter Weise schon in dem Heimathlande dieses Gewürzes beschäftigt. Dieser Umstand ist es insbesondere, auf den sich die Gewürzimporteure und Händler berufen, indem sie die Verantwortung für die Behandlung des Pfeffers in seinem Heimathlande ablehnen und dieser, zugestandenermassen langjährige Gebrauch mag zu den Anschauungen im Pfefferhandel geführt haben, nach welchen ein bis zu 20 $\frac{0}{0}$ mit erdigen Bestandtheilen beschwerter Pfeffer von den Importeuren und Händlern ohne Scrupel noch als eine kaufmannsmässige Waare bezeichnet wird. Nach dieser Auffassung kann es nicht befremden, dass unsere Gewürzmüller und Händler ein bis zu 30 $\frac{0}{0}$ und darüber hinaus mit erdigen Bestandtheilen vermengtes Mahlprodukt des Pfeffers noch als reinen Pfeffer verkaufen, oder dass sie keinerlei Verpflichtung fühlen, den Pfeffer vor dem Mahlen von den anhängenden Unreinigkeiten zu befreien. Es fragt sich nur, ob wir von unserem Standpunkte nicht verpflichtet sind, gegen diese im Pfefferhandel bestehende Sitte, oder besser Unsitte anzukämpfen nnd ich möchte eine solche Verpflichtung unsererseits kurzweg bejahen. Wir können unser Ziel selbstverständlich nicht dadurch erreichen, dass wir, wie leider vorgeschlagen, die bisher übliche, ohne Zweifel genügend hoch gegriffene Grenze für den Aschengehalt von 6,5 auf 10 $\frac{0}{0}$ erhöhen und damit dem ohnehin schon unsoliden Pfefferhandel eine wissenschaftlich autorisirte Concession machen, sondern nur dadurch, dass wir auf Grund der von verschiedenen Forschern für reinen Pfeffer ermittelten Aschengehalte, an der bisherigen Grenze von 6,5 $\frac{0}{0}$ für die letzteren festhalten und dass wir jeden Pfeffer mit mehr als 6,5 $\frac{0}{0}$ Gesammtasche nicht mehr für einen reinen Pfeffer erklären. Die Frage der Verfälschung kann selbstverständlich nicht von uns entschieden werden, da die Beantwortung derselben von verschiedenen gesetzlichen Factoren abhängig ist. Ich bezweifle nicht, dass ein eventueller Beschluss unsererseits in der angedeuteten Richtung uns auch die Anerkennung des reellen

Handels sichert, welcher unter der Unsolidität im Pfefferhandel und unter der hieraus resultirenden Preiserniedrigung
des gemahlenen Pfeffers am meisten leidet.

Auf Grund der vorstehenden Auseinandersetzungen stelle ich folgenden
Antrag zur Diskussion:

Unter Berücksichtigung der von den verschiedenen Forschern für
den Gesammtaschengehalt von reinen Pfeffern gefundenen Zahlen soll
auch für die Zukunft an der bisherigen Grenze von 6,5 % für schwarzen,
gemahlenen Pfeffer festgehalten werden. Ein Mahlprodukt des Pfeffers
mit über 6,5 % Gesammtasche ist nicht mehr als reiner Pfeffer zu
bezeichnen.

Für die Zukunft soll bei gemahlenen Pfeffern neben der Gesammtasche auch der in ClH unlösliche Aschenrückstand ermittelt werden.
Für einen reinen Pfeffer beträgt der letztere nicht mehr als 2 %.

Kayser-Nürnberg: Bevor ich die Diskussion über den vom Herrn
Referenten gestellten Antrag eröffne, möchte ich doch darauf aufmerksam
machen, dass es zweckdienlicher sein dürfte, aus den beiden Punkten des
Antrages zwei gesonderte Anträge zu construiren. Vielleicht stimmt der
Herr Referent mit dieser meiner Auffassung überein und formulirt die
entsprechenden Anträge.

Halenke-Speyer: Wir wollen den Antrag in zwei Theile zerlegen
und zwar in einen, welcher sich auf den Gesammtaschengehalt des gemahlenen Pfeffers und in einen anderen, der sich auf dessen Gehalt an
in Salzsäure unlöslichen Bestandtheilen bezieht. Mein erster Antrag also
lautet: Unter Berücksichtigung der von verschiedenen Forschern ausgeführten Versuche und Untersuchungen soll auch
in Zukunft als Maximum für den Gesammtaschengehalt
bei schwarzem Pfeffer 6,5 %, bei sog. weissem Pfeffer 3,5 %
festgehalten werden.

Röttger-Erlangen: M. H.! Ich möchte mir erlauben, hierzu noch
einen kleinen Beitrag zu liefern. Die Unzulässigkeit der von Bissinger und
Henking gestellten Forderung ist bereits von Dr. Halenke auseinander-
gesetzt; ich möchte nun noch hinzufügen, dass, genau betrachtet, keiner
der von diesen Herren für ihre Forderung aufgestellten Gründe als völlig
stichhaltig kann angesehen werden. Bezüglich des Aschengehaltes der im
Handel vorkommenden gemahlenen Pfeffersorten bin ich in der Lage,
einige Zahlen mittheilen zu können. Die Aschenbestimmung von 53
Proben gemahlenen Pfeffers — dieselbe wurde nur da gemacht, wo der
mikroskopische Befund eine solche wünschenswerth erscheinen liess —
ergab folgendes Resultat. Der Aschengehalt lag

in 18 Fällen zwischen 4,2 und 6,5 %
= 13 = = 6,5 = 8,0 =
= 7 = = 8,1 = 10,0 =
= 9 = = 10,1 = 15 =
= 6 = = 15,5 = 20,3 =

also der Aschengehalt von $\frac{2}{3}$ der Proben überstieg die bisher übliche
Grenzzahl 6,5 %.

Director des Kaiserl. Gesundheitsamtes Geh. Rath Köhler-Berlin: Ich möchte mir erlauben, einige Anfragen zu stellen. Es ist mir von Interesse zu erfahren, ob der gemahlene Pfeffer meist schon in diesem Zustande nach Deutschland eingeführt oder ob er erst hier gemahlen wird. Sodann würde der Wortlaut des Nahrungsmittelgesetzes in Betracht zu ziehen sein, wonach es sich fragt: Haben wir es bei Pfeffer mit mehr als 6,5 $\frac{0}{0}$ Gesammtasche mit verdorbenem, nachgemachtem oder verfälschtem Pfeffer zu thun? Was den letzten Fall anbetrifft, so käme es darauf an, ob Thatsachen vorliegen, auf Grund deren angenommen werden kann, dass in Deutschland der betrügerische Zusatz zu geschehen pflegt, oder aber, ob vielleicht im Ursprungslande die Reinigung eine so mangelhafte ist, dass der Aschengehalt ein höherer bleibt, und dass der Importeur derartigen Pfeffer als Pfeffer schlechthin kauft. Der letztere Fall wäre zu unterscheiden von jenem, in welchem Pfefferstaub erst hier zugesetzt wird.

Kayser-Nürnberg: M. H.! Ich habe Gelegenheit genommen, mich bei verschiedenen grösseren deutschen Importeuren, deren Reellität in keiner Weise bezweifelt werden kann, zu orientiren und habe übereinstimmend Folgendes vernommen: Als ganzer Pfeffer werden bei uns in Deutschland zwei Sorten in den Handel gebracht: Singapore- und Tellicherrypfeffer, in diesem Zustande haben dieselben keinen höheren Aschengehalt als 4 — 4,5 $\frac{0}{0}$. Die Pfeffersorten, welche fast ausschliesslich zum Zwecke des Gemahlenwerdens nach Deutschland kommen, sind: Lampong-, Penang- und Atchinpfeffer. In England, wo man heikler in diesen Dingen zu sein scheint, werden für den dortigen Consum die beiden ersten Sorten, nämlich Singapore und Tellicherry, auch zum Mahlen verwendet, was bei uns des etwas höheren Preises dieser Sorten wegen, welcher allerdings auch ihrer besseren Qualität entspricht, nicht oder doch nur ausnahmsweise der Fall ist. Die von den Ursprungsländern angelangten Rohpfeffer werden in den Importhäfen vielfach gesiebt und so von Schalen, Bruch, Sand und Thon zum allergrössten Theile befreit. Das abgesiebte, nahezu werthlose Produkt wird nicht etwa fortgeworfen, sondern vielfach für sich verkauft und zwar, da es für sich allein ganz unverwendbar ist, an unreelle Händler und Gewürzmüller, die es gemahlenem Pfeffer zusetzen und diesen so verfälschen. Ja, reelle Kaufleute, welche den Gewürzmühlen gute, reine Waare zum Mahlen liefern, sind nicht sicher, sie ohne derartige Verschnitte zurückzuerhalten. Mir sind persönlich derartige Thatsachen bekannt geworden, Fälle, in welchen reelle Kaufleute durch die erwähnte betrügerische Handlungsweise von Gewürzmüllern selber in den Verdacht, unehrliche Handlungen begangen zu haben, gerathen sind. Das von mir bisher Gesagte bezieht sich auf schwarze Pfeffersorten. Mit dem weissen Pfeffer verhält es sich recht wunderlich. Weisser Pfeffer, d. h. das, was man sonst darunter verstand: die reifen Pfefferfrüchte, kommt zur Zeit nur noch in ganz geringem Umfange in den Handel. Was jetzt als weisser Pfeffer im Handel vorkommt, ist geschälter schwarzer Pfeffer; er hat mehr das Aussehen von Paradieskörnern und eine auffallend glatte Oberfläche. Es ist vielleicht noch die Thatsache nicht ohne Interesse, dass zur Zeit der gesammte Jahresimport von naturellem weissem Pfeffer nach England, welches der Hauptconsument für diesen Artikel ist, nur 17 000—20 000 Meter-

centner beträgt, der Export sogenannten, d. h. geschälten, weissen Pfeffers
aus England erreicht aber allein mindestens den doppelten Umfang.
Ich möchte nun nur noch auf einen anderen Umstand hinweisen, auf
die Thatsache nämlich, dass in den Detailgeschäften gemahlener Pfeffer
entweder zu gleichem oder zu einem geringeren Preise verkauft wird, als
ganzer Pfeffer, aus Gründen, die aus meinen Ausführungen klar genug geworden sein werden.

Fresenius-Wiesbaden: Ich wollte nur anführen, dass die in unserem
Laboratorium gemachten Erfahrungen vollkommen mit dem übereinstimmen,
was der Herr Vorredner vorgetragen hat, dass nämlich oft Pfefferproben
überreich an Schalen sind, die von den Fabrikanten des weissen Pfeffers
geliefert werden. Ich will hierbei nicht verschweigen, dass mir geradezu
eine Firma bekannt ist, welche den gemahlenen Pfeffer mit sogenanntem
Pfefferstaub mischt, bevor sie ihn weiter verkauft. Hiermit geht Hand
in Hand die Erhöhung des Aschengehaltes, sowohl durch den Gehalt des
Pfefferstaubes an Sand und Thon als auch des grösseren Aschengehaltes
der Pfefferschalen selber wegen, dem Pfefferkerne gegenüber. Es wird
sich also darum handeln, ob in dem von den Kaufleuten bezogenen Pfeffer
die Pfefferschalen und der Sand schon vorhanden waren oder ob sie diese
erst zugemischt haben. Ich für meine Person halte es für gleich, ob
Pfefferschalen oder Sand dem ganzen Pfeffer zugesetzt werden, es handelt
sich stets um eine betrügerische Veränderung der Waare.

Regierungsrath Sell-Berlin: Von den Verfälschungsmitteln ist bisher eins noch nicht genannt worden, welches besonders in Norddeutschland häufig vorkommt, nämlich die Verfälschung mit Palmkernmehl. Ich
möchte auf dieses Verfälschungsmittel noch besonders aufmerksam machen.

Kayser-Nürnberg: Leider ist die Verfälschung des Pfeffers mit
Palmkernmehl kein Reservatrecht norddeutscher Fälscher, sie ist auch in
Süddeutschland sehr üblich und oft beobachtet worden.

Röttger-Erlangen: Nachdem wir soeben in den Auseinandersetzungen
des Herrn Dr. Kayser gehört haben, dass Lampong, Penang und Atchin
diejenigen Sorten sind, welche in Deutschland ausschliesslich zum Zwecke
des Gemahlenwerdens in den Handel kommen, so muss ich nochmals darauf
aufmerksam machen, dass es ja auch gerade diese Sorten sind, welche,
wie die aufgeführten Zahlen beweisen, den höchsten Aschengehalt aufweisen
und ich möchte daher ganz entschieden ersuchen, die Zahl 8 als Grenzzahl aufstellen zu wollen, da wir uns ja sonst in Widerspruch mit den
durch die exacte Forschung festgestellten Thatsachen befinden.

Kellner-Fürth: In dem in Nürnberg erscheinenden „Correspon-
denten von und für Deutschland" habe ich gelesen, dass in Deutschland
hauptsächlich eine Pfeffersorte zum Mahlen verkauft wurde, welche stets
10—15 $\frac{0}{0}$ Sand enthalte. Daraufhin habe ich mir Originalpfeffer kommen
lassen und zwar 8 verschiedene Sorten aus England und 10 aus Amsterdam. Die englischen Pfeffer waren sämmtlich ganz rein, ich habe in
ihnen nur 4,0—4,5 $\frac{0}{0}$ Aschenbestandtheile gefunden. Ganz anders verhielt
es sich mit den holländischen Pfeffern, diese waren mit wenigen Ausnahmen ausserordentlich verunreinigt und zwar nicht nur mit Sand, son-

dern auch mit Thonklümpchen, wobei sich Stückchen fanden, die den Pfefferkörnern ganz ähnlich waren. Hier habe ich eine Probe, welche 21,5 $\frac{0}{0}$ Asche gab, worunter 16,63 $\frac{0}{0}$ unlösliche Bestandtheile sich befanden. Ich habe dann durch Reiben mit der Hand die Thonstücke und den Sand zu entfernen versucht und zeigte der so gereinigte Pfeffer einen Aschengehalt von 4—4,5 $\frac{0}{0}$. Ich glaube, dass jeder Pfeffer zu reinigen ist, und dass es nur eine Ausrede ist, wenn die Händler behaupten, man könne den Pfeffer nicht reinigen. Ich wäre ebenfalls dafür, als höchste Grenze für den Aschengehalt 7 $\frac{0}{0}$ anzunehmen. Ich habe oft gefunden, dass Pfeffer im reinen Zustande 5,31 $\frac{0}{0}$ Asche, im unreinen Zustande 10 $\frac{0}{0}$ und dabei über 4 $\frac{0}{0}$ Sand enthielt. Ein Singapore-Pfeffer enthielt nur 3,27 $\frac{0}{0}$ Aschenbestandtheile, der Gehalt der übrigen reinen Pfeffer schwankte zwischen 4,0 und 5 $\frac{0}{0}$.

Kaemmerer-Nürnberg: Ich möchte zu dem vom Herrn Vorredner Gesagten noch eine Mittheilung machen. Professor **Langhans** in Fürth theilte mir mit, dass in einer Strafverhandlung wegen Pfefferfälschung Freisprechung erfolgt sei; seinem Gutachten gegenüber sei seitens der Beschuldigten das Gutachten eines Grosshändlers beigebracht worden und dieser sprach sich dahin aus, dass über Amsterdam der Pfeffer in der That mit einer derartigen Verunreinigung gekauft werde, ich glaube mit 10 $\frac{0}{0}$. Daraufhin haben die Gerichte freigesprochen. Sie sind auf den Antrag des Professor **Langhans**, einen dritten Sachverständigen anzuhören, nicht eingegangen, weil sie von der Meinung ausgingen, dass dies hier nicht Sache eines Chemikers sei, sondern es komme lediglich auf den Handelsbrauch an; es handle sich hier auch nicht um eine Fälschung, sondern um ein geringwerthiges Handelsobject, ähnlich wie beim Getreide. Ein schlecht gereinigtes Getreide sei noch lange nicht gefälscht, und ebenso verhalte es sich mit dem Pfeffer. Es kann daher der Verkauf von schlecht gereinigtem Getreide nicht gestraft werden. Ich habe mich bei Sachverständigen informirt und diese Herren haben ihre Meinung dahin ausgesprochen, dass eine Bestrafung auf Grund des Strafgesetzbuches nur dann stattfinden könne, wenn eine Fälschung bezw. der Verkauf gefälschten Pfeffers vorliegt, so dass der Verkäufer wenigstens das Bewusstsein hat, dass diese Waare gefälscht worden sei, wenn auch nicht von ihm selbst. Wenn es sich aber bloss darum handle, dass dem Pfeffer Bestandtheile ankleben, welche beim Sammeln hineingelangt sind und durch Reinigung hätten entfernt werden können, aber nicht entfernt worden sind, so sei dies eine Vernachlässigung; es sei eine geringwerthige Waare, aber man könne nicht über Fälschung klagen. Es wird also Aufgabe der Sachverständigen sein, den Nachdruck darauf zu legen und Material beizubringen, um bestimmen zu können, ob hier ein gefälschter Pfeffer vorliege. Dann könnte der Kaufmann wissen, ob es ein gefälschter Pfeffer sei und er wäre in Folge dessen verpflichtet, die Reinigung vorzunehmen. Es wird keineswegs genügen, dass man nur sagt, es dürfe überhaupt nur ein guter Pfeffer in den Handel kommen; das wird niemals gehen, eben so wenig wie man sagen kann, der Bauer dürfe nur gut gereinigtes Getreide verkaufen. Das ist Sache des Publikums. — Aber man wird nicht von Fälschungen sprechen können, wenn es sich lediglich um einen Mangel an gehöriger Reinigung handelt. Wenn aber anzunehmen ist, dass erst künstliche Beimengungen erfolgt sind, dann wird der Richter sein Urtheil abzugeben haben.

Halenke-Speyer: Wenn gestattet würde, dass derartig schlechtes Material eingeführt wird, so müssen auch schliesslich Pfeffersorten gestattet werden mit 30—40 $\frac{0}{0}$ Sand. In einem Staate, wo durch vereidigte Gewürzhändler 15—20 $\frac{0}{0}$ aschehaltige Pfeffer nicht beanstandet werden, dürfte man getrost annehmen, dass dies zuletzt auch bei 80 $\frac{0}{0}$ nicht geschehen würde.

Medicus-Würzburg: Ich möchte nur eine kleine Bemerkung machen. Es ist mit dem Aschengehalt beim Pfeffer wie bei allen Schalenfrüchten. Der Aschengehalt ist in der harten Schale ein beträchtlich höherer als im Kern. Wir haben solche Pfeffer getrennt in Schalen und Kerne, haben die Asche bestimmt und gefunden, dass jene des Kernes 1 und 2 $\frac{0}{0}$ zeigte, während der Procentsatz in der Schale über 8 $\frac{0}{0}$ betrug.

Kopp-Münster: Ich hatte Gelegenheit, einen Pfeffer mit 9,2 $\frac{0}{0}$ Asche zu beanstanden. Der Sachverständige des Angeklagten sagte, es sei noch natürlicher Pfeffer und der Händler wurde freigesprochen. Doch der Amtsanwalt legte Berufung ein und der Mann wurde zu 30 Mk. Strafe verurtheilt. Er wird sich jedoch nicht zufrieden geben und wieder appelliren. Ich habe dabei einen Einblick in diese Verhältnisse gewonnen. Ich erinnere mich eines Falles, der in Münster vorgekommen. Hiernach hatte der betreffende Grosshändler ein grösseres Quantum schwarzen Pfeffer erhalten. Es waren 60 Säcke und zwar zwei Sorten, die eine bessere Waare, die andere mit sehr viel Staub. Auf der Gewürzmühle habe ich durch eine Indiscretion des Müllers erfahren, dass er den Auftrag habe, den Pfeffer, der ihm zum Mahlen zugeschickt wird, erst zu sieben und die reinen Pfefferkörner an den Gewürzhändler zurückzugeben, und den Pfefferstaub dann im Verhältniss wie 5 : 1 zu vermahlen, also vier Theile reinen Pfeffer mit einem Theil Staub. Ich habe mir dann das Absiebsel etwas genauer angesehen und gefunden, dass es zum Theil aus Schalen besteht, zum grösseren Theil aber aus feinen, erdigen Bestandtheilen — Staub. Die Schale enthält durchschnittlich 16 $\frac{0}{0}$ und der Staub etwa 66 $\frac{0}{0}$ Asche. Wenn in diesem Verhältnisse Staub und Asche gemischt sind, so habe ich 36 $\frac{0}{0}$ gefunden. Wenn also der Gewürzmüller vier Theile Pfefferkörner mit einem Theil Schalen und Staub mischt, und wir in diesem 33 $\frac{0}{0}$ Asche annehmen wollen, so erhält der betreffende gemahlene Pfeffer etwas über 9 $\frac{0}{0}$ Asche. Das war der Pfeffer, wie ich ihn beanstandet habe. Der Anwalt hat sich meiner Ansicht angeschlossen, dass es höchst unnöthig sei, dass dieser Dr . . . in dem Pfeffer mit verkauft wird. Der Richter hat dann ausgesprochen, dass der Kaufmann wissen muss, dass ein Unterschied ist zwischen naturellem und reinem Pfeffer.

Fresenius-Wiesbaden. Der Herr Dr. Halenke sagte vorhin, wir könnten eine Grenzzahl überhaupt nicht mehr aufstellen. Wir müssen aber eine Grenzzahl aufstellen. Es liegt hier eine zweifache Frage vor: Ist der Pfeffer rein oder ist er nicht rein? Die den Juristen betreffende

Frage ist die, ob die Beschaffenheit des Pfeffers eine solche ist, dass es sich um eine Fälschung oder um eine minderwerthige Waare handelt. In erster Linie, glaube ich, sollte die Frage heissen: Ist der Pfeffer reiner Pfeffer oder ist er es nicht? Die zweite Frage berührt den Chemiker nur insofern, als er Interesse an dem gerichtlichen Verlaufe der Sache nimmt.

Ministerialrath Kahr-München: Meine Herren! Wir stehen nach den heute uns gewordenen Mittheilungen über das, was im Pfefferhandel geschieht, so erschrecklichen Handelsverhältnissen gegenüber, dass unsere Vereinigung ganz entschieden die Verpflichtung hat, das Publikum gegen weitere Schädigung zu sichern. Wir haben wohl die verschiedenen, sich hier ergebenden Schwierigkeiten vernommen, allein beschränken Sie sich darauf, meine Herren, lediglich die Grenze festzustellen, welche der Aschengehalt normaler Weise hat. Wo die chemischen Kenntnisse und Erfahrungen zur Entscheidung nicht ausreichen sollten, erkläre man einfach: „Hierüber sind wir nicht in der Lage zu entscheiden." Dies wird dann Sache des Untersuchungsrichters sein. Aber dem Publikum gegenüber sind wir verpflichtet, nicht hierüber hinwegzugehen. Vielleicht würde sich empfehlen, den Antrag auf Feststellung eines Maximums von $8 \frac{0}{0}$ anzunehmen.

Hertz-Würzburg: Ich möchte ersuchen, die Grenzzahl für Asche durchaus nicht über $6{,}5 \frac{0}{0}$ zu stellen. Es wird alles Mögliche in den Pfeffer hineingepanscht. Wenn es auch vorkommt, dass man Pfeffer hat, die einen höheren Aschengehalt haben, so möchte ich doch fragen: Steht denn bei diesen hohen Aschenmengen auch die Menge Sand in demselben Verhältniss zur Asche? Könnte man nicht vielleicht einen Beschluss fassen, dass die Aschenmenge nicht höher sein darf als $7 \frac{0}{0}$? Dass dann aber doch der Sandgehalt nicht über $10 \frac{0}{0}$ der Asche betragen solle. — Wenn der Aschengehalt des Pfeffers nicht erhöht wird, dann ist zweierlei erreicht: 1) dass die Unreinigkeiten entfernt, 2) dass die geringen Sorten nur in geringer Menge dem besseren Pfeffer beigemengt werden. Wenn der erlaubte Aschengehalt erhöht wird, dann sind der Fälschung Thür und Thor geöffnet.

Kayser-Nürnberg: Der Schwerpunkt scheint mir darin zu liegen, ob ein Product als gefälscht zu betrachten sei, wenn es von seinem Productionsorte aus mit derartigen Verunreinigungen in den Handel kommt. Ich bin der Meinung, dass dies in der That als Fälschung zu betrachten ist, wenn auch in diesem Falle die Producenten ebensowenig zur Verantwortung gezogen werden können wie in vielen anderen Fällen. Es wird stets nur der Verkäufer dem Publikum gegenüber für seine Waare verantwortlich gemacht werden können; ist der Nachweis geliefert, dass von diesem ein Zusatz von Schalen stattgefunden hat, so ist die Sache eo ipso erledigt.

Ministerialrath Kahr-München: Meine Herren! Ich komme noch einmal darauf zurück, dass wir nur das eine entscheiden können, wie weit eine Pfeffersorte in ihren Bestandtheilen normal ist. Ob sie gefälscht ist oder nicht, ist durch eine allgemeine Entschliessung hier nicht zu entscheiden. Für uns ist nur noch die Frage zu erledigen, ob wir auch vor der Antwort auf den ersten Punkt zurückzuschrecken haben und ich möchte Sie bitten, nicht vor einer solchen zurückzuschrecken, sondern einen Grenzpunkt zu bestimmen. Wir können aber unmöglich einen Ausspruch thun, dass eine Fälschung vorliegt oder nicht, weil der Aschengehalt so oder so sei. Eine solche Entscheidung kann aus dem Aschengehalt nach der jetzigen Lage der Dinge nicht gegeben werden.

Halenke-Speyer: Bei dieser Sachlage möchte ich beantragen, dass wir uns über die Grenzzahl der Gesammtaschenmenge einigen und dann würde ich meine Anträge folgendermassen abändern: 1) Nach den bisherigen Erfahrungen ist die Zahl x für den Gesammtaschengehalt als Grenze festzuhalten; 2) ein Pfeffer mit einem höheren Gehalt ist nicht mehr als reiner Pfeffer zu betrachten.

Director des Kaiserl. Gesundheitsamtes Geh. Regierungsrath Köhler-Berlin: Die Sache scheint sich zu klären, wenn diese Anträge durchgehen. Wenn ein Pfeffer einen höheren Gehalt hat, so kann das verschiedene Gründe haben. Diese herauszufinden muss man dem Richter überlassen und ich glaube, die Mühe kann man ihm überlassen. Der Richter wird ja hingewiesen auf die Frage: Worauf ist der abnorme Aschengehalt zurückzuführen? Dann hat er festzustellen: Liegt hier eine Fälschung vor oder ein Gebrauch, der noch nicht ein solcher ist, dass er bestraft werden muss? Es liegen hier die thatsächlichen Verhältnisse so, dass man nicht mit allgemeinen Regeln durchkommen kann. Bei Vermeidung solcher kommt der Chemiker nicht in die missliche Lage, sich ausser Kompetenz erklären zu müssen.

Ministerialrath Kahr-München: Ich möchte, meine Herren, bitten, meine Meinung nochmals feststellen zu dürfen. Meine Absicht ging dahin, irrthümliche Auffassungen zu beseitigen. Der Sachverständige steht unter dem Gesetz wie der Richter. Strafbar ist der, wer entweder Lebensmittel selbst fälscht oder gefälschte Lebensmittel verkauft. Der Begriff Fälschung wird dahin definirt, dass Lebensmittel durch Zusatz von Stoffen verschlechtert oder ihnen der Schein einer besseren Beschaffenheit gegeben werden. Darüber hinaus können die Sachverständigen ebensowenig wie die Richter. Es würde wohl zweckdienlich sein, wenn der Sachverständige in der Lage wäre, zu erklären, dass es sich wirklich um eine von dritter Hand vorgenommene Fälschung handelt. Zunächst aber hat der Sachverständige dem Richter klar zu machen, dass reiner Pfeffer nur die und die Bestandtheile enthält.

Kellner-Fürth: Mir wäre ein Antrag in folgender Fassung sympathisch: Uebersteigt der Aschengehalt des Pfeffers die Höhe von $6{,}5\frac{0}{0}$, so ist er nicht als reiner Pfeffer zu erachten. Es ist Sache des Richters, zu untersuchen, was in solchem Falle mit dem Pfeffer geschehen ist, und das wird sich sehr leicht herausstellen. Es werden sich Säcke mit Schalen vorfinden, die Zeugniss geben. Die Fälschung liegt da vorzugsweise nicht in der Form von Sand, sondern in der sandhaltigen Substanz selber. Ich glaube, dass gerade ein Satz von $6{,}5\frac{0}{0}$ an unverbrennlicher Substanz für einen Pfeffer ausreichend ist, der nicht übermässig Sand oder Thon enthält.

Halenke-Speyer: Ich schlage vor, nichts von einer Fälschung und nichts von einer Beanstandung zu sagen, und nur die Grenzzahlen festzustellen und zwar bei gemahlenem schwarzen Pfeffer 6,5 $\frac{0}{0}$ und 2 $\frac{0}{0}$ bei weissem Pfeffer anzunehmen.

Kayser-Nürnberg: M. H.! Der modificirte erste Antrag des Herrn Referenten lautet: Ein aus reinem Pfeffer hergestellter gemahlener schwarzer Pfeffer enthält nicht mehr als 6,5 $\frac{0}{0}$ Mineralbestandtheile. Da sich Niemand mehr zum Wort gemeldet hat, schliesse ich die Diskussion und schreite zur Abstimmung. Diejenigen Herren, welche gegen die Annahme des Antrages sind, bitte ich sich zu erheben. Ich constatire, dass der Antrag mit allen gegen fünf Stimmen angenommen ist.

Wir kommen jetzt zu dem zweiten Antrage des Herrn Referenten. Derselbe lautet: Der in Salzsäure unlösliche Aschenrückstand für aus reinem, schwarzem Pfeffer hergestellte Mahlproducte beträgt nicht mehr als 2 $\frac{0}{0}$. Ich eröffne die Diskussion über diesen Antrag. Da sich Niemand zum Wort meldet, schliesse ich die Diskussion und komme zur Abstimmung. Diejenigen Herren, welche gegen die Annahme des Antrages sind, bitte ich sich zu erheben. Es erhebt sich Niemand, der Antrag ist einstimmig angenommen.

M. H.! Die Zeit ist zu weit vorgerückt, um noch einen Gegenstand unserer Tagesordnung behandeln zu können; ich schliesse deshalb die heutige Sitzung.

Samstag, den 7. August, Vormittags 9 Uhr.

Kayser-Nürnberg: M. H.! Ich eröffne die Sitzung. Als ersten Gegenstand der Tagesordnung haben wir die Bestimmung von Ort und Zeit der nächsten Versammlung. Es liegt ein Antrag des geschäftsführenden Ausschusses vor, der dahin geht, dass ein für allemal als Tage für unsere Versammlung Freitag und Samstag nach Christi Himmelfahrt gewählt werden mögen. Es hat sich nämlich herausgestellt, dass diese Tage am wenigsten ungünstig für die meisten Mitglieder sind. Es ist ja leider nicht durchführbar, einen Zeitpunkt zu treffen, der für alle Mitglieder gleich passend ist. Es hat sich aber mit Sicherheit herausgestellt, dass die Tage in der ersten und zweiten Augustwoche Allen am unbequemsten sind. Ich stelle den Antrag zur Diskussion. Da sich Niemand zum Worte meldet, wollen wir zur Abstimmung schreiten. (Einstimmig angenommen.)

Der zweite Antrag betrifft den Ort, wo die nächste Versammlung stattfinden soll.

Medicus-Würzburg: Ich möchte den Antrag stellen, hiermit zu warten, bis Herr Dr. Halenke anwesend ist. (Angenommen.)

Kayser-Nürnberg: Gehen wir nun zum zweiten Gegenstand unserer Tagesordnung über, betreffend die Wahl des geschäftsführenden Ausschusses für das nächste Jahr. Ich habe den Wunsch des seitherigen geschäftsführenden Ausschusses zum Ausdruck zu bringen, dass die Wahl des geschäftsführenden Ausschusses für das nächste Jahr durch Stimmzettel geschieht. Ich stelle diesen Wunsch als Antrag zur Diskussion.

Medicus-Würzburg: Ich bin der Ansicht, dass wir die Sache wie in früheren Jahren durch Acclamation erledigen. Der geschäftsführende Ausschuss hat seine Aufgabe in so ausgezeichneter Weise gelöst, dass es am einfachsten ist, denselben durch Acclamation wiederzuwählen.

Kayser-Nürnberg: Ich werde den Antrag des geschäftsführenden Ausschusses zuerst zur Abstimmung bringen. Diejenigen Herren, welche dafür sind, dass der Antrag des geschäftsführenden Ausschusses, Stimmzettelwahlen vorzunehmen, angenommen wird, bitte ich, sitzen zu bleiben. — Gegenprobe. — (Antrag abgelehnt.)

Ich werde jetzt den Antrag des Herrn Dr. Medicus zur Abstimmung bringen. (Antrag Medicus angenommen.)

Meine Herren! Ich spreche im Namen des geschäftsführenden Ausschusses dessen Dank für das demselben bewiesene Vertrauen aus und hoffe, dass es ihm auch im nächsten Jahre gelingen wird, die Geschäfte der Vereinigung zu Ihrer Zufriedenheit zu führen.

Wir kämen nun zu Punkt 3. unserer heutigen Tagesordnung, es erscheint jedoch zweckmässiger, Punkt 8. zuerst zu nehmen; ich bitte daher Herrn Medicinalrath Dr. Merkel, das Wort zu ergreifen.

Ueber den Werth der bacteriologischen Untersuchungsmethode bei der Untersuchung von Trink- und Nutzwässern

von G. Merkel-Nürnberg.

Die Thatsache des Vorkommens von Microorganismen im Wasser und zwar nicht nur im unreinen, sondern auch im reinen Trinkwasser, ist längst bekannt und man kann auch nicht sagen, dass diese Erkenntnis nicht beachtet wurde. Der mikroskopischen Untersuchung stehen aber und standen die erheblichsten Schwierigkeiten im Wege.

Erst seit Koch seine klassisch einfachen Cultur- und Färbemethoden bekannt gemacht und ausgebildet hat, ist der Thatsache ein grösserer praktischer Werth beigelegt worden.

Koch hat im Sommer 1883 in einem grösseren Vortrag vor einem ärztlichen Publikum zum ersten Male sich über dies Thema verbreitet und gezeigt, dass und wie man die Keime isolirt zur Anschauung bringen könne, dass „reines Wasser nur wenig Keime enthalte, dass aber unter Umständen die Zahl der Keime ins Unendliche wachsen könne, ohne dass diese einen Schaden anstiften, da sie nicht pathogener Natur seien und dass es bei solchen Zahlen nahezu unmöglich sei, die einzelnen Keime auf ihre pathogene Natur zu prüfen." Seit dieser Zeit wurde eine grosse Zahl solcher Wasseruntersuchungen von den verschiedensten Forschern vorgenommen. Aus diesen Untersuchungen erhellt bislang, dass die Zahl der Keime auf 1 ccm berechnet in weiten Grenzen wechselte (zwischen 0 und vielen Tausenden), dass der Keimgehalt der Wasser in keinem Verhältniss zur sonstigen chemischen Reinheit des Wassers steht und dass unter gewöhnlichen Umständen pathogene Keime im Wasser selten zu sein scheinen. Ich sage „scheinen", denn einige wenige Fälle sind doch constatirt, in welchen unter verdächtigen Umständen pathogene Keime im Trinkwasser gefunden wurden. Hier steht obenan die Beobachtung von Koch, der in einem indischen Tank, dessen Wasser als Trinkwasser benutzt wurde und in dessen Umgebung Cholerafälle vorkamen, Cholerabacillen gefunden hat, und der Fall von Geissler in Dresden, nach dessen Mittheilung im Laboratorium von Fohne durch Michaelis in einem Pumpbrunnenwasser wohlcharakterisirte Typhusbacillen gefunden wurden in einem Dorf, in welchem Typhus epidemisch ist, wohingegen es bei den Epidemien in Zürich und Wittenberg weder Cramer noch Gaffky gelungen ist, aus dem frischen Trinkwasser Typhusbacillen zu züchten (die angeblich positiven Ergebnisse der Klebs'schen Wasseruntersuchungen in Zürich haben sich bekanntlich nicht bewahrheitet!).[1])

Um diesen Fragen näher zu kommen, hat Wolffhügel in Berlin und Meade Bolton, ein Schüler Flügge's in Göttingen, eine Reihe von Versuchen angestellt, ob und wie sich pathogene Keime, in reines und unreines Wasser gesät, ansiedeln, vermehren und erhalten?

Im Wesentlichen geht aus den Untersuchungen von Bolton als ziemlich sicher hervor, dass alle zu den Versuchen benutzten Bacterien keine Vermehrung, sondern vielmehr eine stetig fortschreitende Verminderung im Wasser erfahren, dass die Abnahme der in ein Wasser gebrachten pathogenen Keime erheblich rascher vor sich geht, wenn das Wasser bei $+ 35^0$ gestanden hat als bei $+ 20^0$, dass die Zeitdauer der Entwickelungsfähigkeit wesentlich abhängt von der Resistenzfähigkeit der einzelnen Arten und von dem Umstande, ob die Aussaat Dauersporen enthielt. Milzbrandsporen wurden nach fast einem Jahre noch lebensfähig gefunden, Typhussporen noch nach drei Wochen, in einem Falle sogar noch nach einem Monate; dass die Qualität des Wassers für die Dauer der Conservirung pathogener Keime gleichgültig ist; dass aber der Zusatz auch nur sehr geringer Mengen von Stoffen, welche als gute Nährböden für die betr. Keime bekannt sind, schon hinreicht, um Typhus- und Cholerabacillen lebhafte Vermehrung zu gestatten. Wolffhügel fand Milzbrandbacillen in Wasser gesäet noch nach 15 Tagen gut entwickelt, Typhusbacillen noch nach 20 Tagen. Er fand weiter, dass Typhusbacillen in keimfrei gemachtem, verunreinigtem Flusswasser, auch wenn dasselbe durch Zusatz von sterilisirtem Wasser stark (bis zu $90\frac{0}{0}$) verdünnt wird, nicht zu Grunde gehen, vielmehr bei günstiger Temperatur (16^0 und mehr) sich vermehren und bei niedriger Temperatur (8^0) wenigstens lebensfähig erhalten können. Er zieht aus seinen zahlreichen Versuchen den Schluss, dass ein Wasser, welches nach Massgabe seiner chemischen Beschaffenheit als Trink- und Nutzwasser nicht zu beanstanden wäre, immerhin noch in seiner Zusammensetzung an sich die geeigneten Bedingungen zu einer vorübergehenden Vermehrung, sicherlich aber zu einer wochenlangen Erhaltung der Entwickelungsfähigkeit der Typhusbacillen darbieten kann.

(Nebenbei sei hier erwähnt, dass auch Milch — die bekanntlich

---

[1]) Auch ich habe bei einer Localepidemie im Sommer 1885 in Nürnberg vergeblich nach Typhusbacillen im Trinkwasser gesucht!

besonders von Engländern als Träger des Typhusgiftes angeschuldigt wird —
einen sehr guten Nährboden für Typhusbacillen abgiebt.)

Was die Versuche Wolffhügel's mit Cholerabacillen betrifft, so fand
er, dass dieselben im nicht sterilisirten Wasser in wenigen Tagen durch
andere Microorganismen völlig oder fast völlig verdrängt werden und nach
ihrem Verhalten in sterilisirtem Wasser, wo sie erst abnehmen um nach
einigen Tagen sich zur — dann allerdings starken — Vermehrung anzu-
schicken, allem Anschein nach einige Zeit brauchen, um sich nach der
Einführung in Wasser an das ihnen fremdartige Medium zu gewöhnen,
wobei sicherlich sehr viele Keime zum Opfer fallen!

Nach solchen Erfahrungen muss man der bacterioscopischen Untersuchung des Wassers sicherlich einen hervorragenden Platz bei den Wasseruntersuchungen einräumen und zwar insofern einen selbstständigen, als,
wie oben schon erwähnt, die chemische Verunreinigung keineswegs stets
Hand in Hand geht mit der bacteriellen. Die beiden Untersuchungsmethoden müssen neben einander hergehen; für gewisse Zwecke, z. B. ge-
werbliche, wird die chemische Untersuchung noch obenan stehen; sie wird
uns ausserdem auch stets auf unappetitliche Beimengung und auf locale
Verunreinigungen der Umgebung des Brunnens aufmerksam machen, die
wir mit vollem Recht gerade so scheuen und zu beseitigen trachten
müssen, wie die Verunreinigungen anderer Nahrungsmittel (Bolton).

Zu Zeiten einer Epidemie wird dagegen die bacteriologische Methode
obenan stehen; im Beginn wird sie voraussichtlich etwas leisten können,
im positiven Fall aber sicher dann sehr viel. Einen hohen Nutzen dürfen
wir der bacteriologischen Untersuchungsmethode wohl auch beilegen in
Bezug auf die Frage nach den Leistungen der im Gebiete der Technik
und Hygiene unentbehrlichen Filtrationsmethoden, deren Werth oder Un-
werth sie mehr als jede andere Untersuchungsweise darzulegen angethan
ist. Sie ist auch zu diesem Zweck schon von mehreren Forschern ver-
werthet worden (ich nenne nur Hesse, Wolffhügel, Wahl).

Wenn man nun fragt, „wie soll untersucht werden," so ist die rechte
Antwort, nach der Plattenculturmethode, die Koch eingeführt hat. Sie
leistet unter den verschiedenen Methoden immer noch das Beste, da sie
eine Zählung und Isolirung, Einzeluntersuchung und Weiterimpfung gestattet, wie keine andere Methode. Zur Verwendung kommt am besten
die Koch'sche $10\frac{0}{0}$ - Fleischpeptongelatine (und Agar Agar, wo man zu
viele verflüchtigende Culturen bekommt oder mit höheren Temperaturgraden
arbeiten will). Was die Menge des Untersuchungsmaterials betrifft, so hat
man bislang stets die Berechnung auf 1 ccm angestellt und es wird sich
auch empfehlen, dabei zu bleiben. Bis zu $\frac{1}{10}$ lässt sich ja mit Hülfe der
graduirten Pipette leicht abnehmen. Sind auch da die Zahlen der Co-
lonien zu gross, so muss man sich durch Verdünnung mit sterilisirtem,
destillirtem Wasser behelfen, wenn dies auch manche Inconvenienzen mit
sich bringt. Mir hat es nie Schwierigkeiten bereitet, meine Platinöhse
so zu erhalten, dass ich ziemlich genau weiss, wie viel ich in sie fasse.
Zudem sind ja die Zahlen alle nur approximativ. Wie die Culturen
selbst anzulegen, wie Gefässe und Instrumente vorzubereiten sind, wie sie
aufzustellen, steril zu halten und gleichmässig zu erwärmen sind, dies
hier anzuführen, ist meine Aufgabe nicht. Darüber geben die betreffenden

Bücher, vor Allem das Hüppe'sche Buch, Auskunft, nur das sei noch besonders betont, dass es dringend empfohlen werden muss, nicht eher an bacteriologische Wasseruntersuchungen heranzutreten, bevor man nicht gehörig eingeübt ist. Es erscheint mir vorläufig ganz unerlässlich, bevor man sich damit beschäftigt, einen der praktischen Kurse durchzumachen, die man ja dermalen an den verschiedensten Hochschulen und Instituten abhält.

Der wichtigste Vorgang beinahe beim ganzen Geschäft ist zweifellos die Entnahme der Wasserproben.

Es ist eine durch Beobachtungen von Cramer, Leone, Wolffhügel und Bolton nachgewiesene Thatsache, dass sich die Bacterien im stehenden Wasser selbst bei einem äusserst geringen Vorrath von Nährstoffen und schon bei Zimmertemperatur enorm schnell vermehren; so fand Leone, dass im Mangfallwasser, das in München mit 5 Microorganismen im ccm ankommt, nach 24 Stunden schon über Hunderte von Keimen sich finden, nach 2 Tagen 10 500, nach 3 Tagen 67 000, nach 4 Tagen 315 000, nach 5 Tagen über eine halbe Million! Ebenso ist unzweifelhaft nachgewiesen, dass bei geeigneten Temperaturbedingungen (zwischen 12 und 20°, bei einzelnen Bacterien selbst zwischen 6 und 11°) unter dem Einfluss der mechanischen Bewegung eine erhebliche Vermehrung der Keime stattfinden kann — als selbstverständlich muss darauf aufmerksam gemacht werden, dass die Veränderungen im Gasgehalt des Wassers durch die Bewegung desselben erhebliche Einflüsse auf die Lebensbedingungen der Bacterien ausüben müssen.

Ebenso ist durch die Versuche Wolffhügel's unleugbar festgestellt, dass das längere Einstellen der Wasserprobe in eisgekühltes Wasser den Keimgehalt mindert. Er fand, dass Wasserproben, welche 24 Stunden im Eisschrank standen, 15—23 $\frac{0}{0}$ ihrer ursprünglich enthaltenen Keime verloren hatten, nach 3 Tagen sogar 78 $\frac{0}{0}$.

Wenn man nun bedenkt, dass bei ruhigem Stehen in mittleren, selbst niedrigen Temperaturen (12—15°) ebenso wie bei mechanischer Bewegung sich die Keimzahl im Wasser vermehrt, dass die Keime sich im stehenden Wasser zu Boden setzen, dass stärkere Abkühlung einen Theil der Keime tödtet (einzelne verhalten sich selbst gegen Eiskühlung ganz indifferent, sonst könnte ja das Eis nicht, wie es thatsächlich der Fall ist, Bacterien enthalten!), wenn auch bei niedriger Temperatur die Vermehrung lange nicht so schnell von Statten geht als bei höheren Temperaturen, so drängt sich von selbst die von den verschiedenen Autoren ganz besonders betonte Mahnung auf, wenn irgend möglich, bacteriologische Untersuchungen nur am Entnahmeort des Wassers vorzunehmen oder, wo dies absolut unmöglich ist, möglichst bald nach der Entnahme. Für einen kurzen Transport mag noch die Erfahrung Wolffhügel's beherzigt werden, dass unter einem Watteverschluss die Vermehrung des Keimgehaltes lebhafter vor sich geht, als unter dem Gummiverschluss. Es dürfte sich wohl der doppelte Glasstöpsel-Verschluss oder der einfache mit Gummistöpsel am meisten empfehlen. Wolffhügel nimmt Glascylinder von 19 cm Länge 3 cm lichter Weite, welche, mit Gummistöpsel geschlossen, in passende Blechhülsen eingefügt werden, die in eisgekühlte Blechbüchsen gestellt sind. Besonders zweckmässig erscheint mir die Methode, welche ich im Laboratorium zu Göttingen bei Flügge zu sehen Gelegenheit hatte.

Glaskapillaren werden zu kleinen Kugeln ausgeblasen, die Kugeln werden etwas erwärmt, dann in dieselben etwas sterilisirtes Wasser eingesogen. Dasselbe wird wieder verdampft und in dem Moment des Verdampfens zugeschmolzen. So geschlossen sind sie zubereitet zur Aufnahme der Wasserprobe und können in einem geeigneten Blechgefäss mit Holzeinsatz beliebig weit transportirt werden.[1]) Will man Wasser entnehmen, so schneidet man unter dem zu untersuchenden Wasser mit einer geglühten Scheere die Spitze der Kapillare ab. Sofort saugt sich die kleine Kugel voll Wasser. Die Kapillare wird zugeschmolzen und so kann das Wasser in den Kugeln, die in dem Blechgefäss mit kleinen Eisstückchen umgeben werden können, beliebig weit transportirt werden. Will man die Untersuchung vornehmen, so bricht man die Kapillare, nachdem sie mit sterilisirtem Wasser gereinigt ist, ab und entnimmt der Kugel das Wasser. Ich glaube, dass diese Methode, bis eine bessere gefunden ist, leistet, was man billigerweise verlangen kann. Die sofortige Untersuchung ersetzt sie freilich nicht.

Sie sehen wohl, meine Herren, dass die Sache nicht so einfach ist, als sie vielleicht aussieht und das schliessliche Resultat, welches nur mit grosser Reserve ausgesprochen werden darf, kann stets — von den wenigen Fällen, wo es (etwa im Falle einer Epidemie) gelingen wird, pathogene Keime zu finden, abgesehen — nur heissen, das Wasser ist keimfrei, arm an Keimen, stark mit Keimen beladen, unreinlich etc., ob gesundheitsschädlich ist unbekannt! Mehr aber kann auch die chemische Untersuchung nicht leisten, denn auch hier sind die Grenzzahlen, wie mir wohl alle Herren zugeben werden, von sehr zweifelhaftem Werthe und bis durch eine chemische Untersuchung eine Gesundheitsschädlichkeit dargethan wird, wird wohl auch kaum ein Mensch mehr ein solches Wasser trinken, denn bis Ammoniak oder Salpetersäuremengen so gross werden, um den Menschen krank zu machen, muss es wohl sehr weit kommen. Da wird wohl schon Nase und Gaumen gewarnt haben.

Wenn es aber auch meist nicht möglich ist, unter den oft Tausenden von Keimen die pathogenen herauszufinden, so wird bei der Untersuchung doch einiger Anhalt gegeben, ob sich viele verflüssigende Keime finden, ob Gase, ob Fäulnissgase, ob Schwefelwasserstoffgas etc. entsteht. Ich habe wiederholt rasche Fäulniss der Gelatine bei Brunnenwasseruntersuchungen auftreten sehen. Mäuse, denen solche verflüssigte Gelatine unter die Haut eingespritzt wurde, starben unter Vergiftungserscheinungen, ohne dass eine eigentliche Bacterieninfection in den Leichen nachzuweisen war. Ich habe bei einem Wasser regelmässig Schwefelwasserstoffgas auftreten sehen, bei einem Wasser, das ganz gut schmeckte und keine wesentliche chemische Verunreinigungen ergab, dessen Sammelbrunnen aber früher hier und da deutlichen Geruch nach diesem Gas gezeigt hatte! Das sind gewiss Fingerzeige, die sich sicher verwerthen und noch mehr vermehren lassen, wenn erst mehr untersucht wird.

Aber ich rathe nochmal recht dringend: „Möge keiner sich an diese Untersuchung heranwagen, bevor er nicht eine gewisse bacteriologische

---

[1]) Dieselben werden von Dr. Merkel demonstrirt. Die Methode ist mittlerweile von Flügge selbst beschrieben in der II. Auflage seiner „Mikroorganismen" p. 662.

Kenntniss und Uebung sich errungen hat; er wird sonst sich und die Methode diskreditiren!"

Es sei mir gestattet noch einige Worte hinzuzufügen über ein verwandtes Thema, das ich gern an dieser Stelle anbringen möchte, um einen oder anderen der Herren, welche in der Lage sind, bacteriologische Untersuchungen anzustellen, zu weiteren Versuchen zu veranlassen.

Leone hat gefunden, dass in kohlensäurehaltigem Wasser die Keime sich ausserordentlich rasch vermindern.

Er untersuchte in der Hofapotheke zu München · aus Brunnenthal-Leitungswasser hergestelltes künstliches kohlensaures Wasser. Das Leitungswasser enthielt im ccm 115, im kohlensauren Wasser 186 Keime. Während im natürlichen Wasser in 15 Tagen sich die Zahl der Keime auf Tausende steigerte, war sie im künstlichen auf 20 gesunken!

Aehnliche Beobachtungen machte auf experimentellem Wege Meade Bolton! der durch Kohlensäure in 10 Tagen vollkommene Sterilisation erreichte.

Ich habe aus 5 verschiedenen Bezugsquellen in Nürnberg je 1 Flasche künstliches kohlensaures Wasser und zwar nicht frisch gefertigtes, sondern gelagertes holen lassen. Die chemische Untersuchung ergab nichts irgend Anstössiges; die bacteriologische:

In 1.: 2 Kolonien nicht verflüssigend;
= 2.: 9600 Kolonien, Gelatine rasch zerfliessend, faulig stinkend;
= 3.: 355 = = zerfliessend, stinkend;
= 4.: 999 = = = =
= 5.: 3840 = wenig verflüssigende Kolonien, nicht übelriechend.

1. war nicht in Nürnberg hergestellt, sondern von einer bekannten grossen Firma bezogen.

2. ist angeblich aus destillirtem Wasser und flüssiger Kohlensäure gefertigt!

3.—5. waren aus Ursprungswasserleitungswasser hergestellt, das in der Stadt mit 4—5 Keimen pro ccm ankommt!

Es ist ja nun sehr wohl möglich, dass, wenn das Wasser noch länger lagert, der Keimgehalt abnimmt und sich schliesslich verliert, aber welcher Fabrikant lässt denn sein Wasser so lange liegen? und wer kontrolirt dies Liegenlassen?

Man hat in der Presse zu Gunsten des kohlensauren Wassers plaidirt und so unbewusst Reklame gemacht, man muss aber dabei bedenken, dass die Wässer wohl meist frisch getrunken werden und dass die Unreinlichkeit der Bereitung schwer ins Gewicht fällt. Ich möchte für meine Untersuchung behaupten, dass 1. das ursprünglich reinste Wasser hat. Ich denke, es wird besser sein, den Herrn Fabrikanten etwas auf die Finger zu sehen, als der sterilisirenden Wirkung der Kohlensäure zu viel zu vertrauen, die sich immerhin erst in einigen Tagen entfaltet. Man kann die Fabrikanten nicht zwingen, das Wasser direkt aus der Leitung zu verarbeiten. Sie sammeln es in Reservoirs und dort mag es den enormen Gehalt an Microorganismen erhalten, der es, wenn es nicht abgelagert, sondern frisch getrunken wird, gefährlicher erscheinen lässt als frisches Brunnenwasser! Hierin liegt vielleicht ein Unterschied zwischen natürlichem und künstlichem kohlensaurem Wasser!

Ich zweifle nicht an der sterilisirenden Wirkung der Kohlensäure, doch möchte ich die Ausbeutung dieser Thatsache in einer für das öffentliche Wohl nicht förderlichen Weise vermieden wissen! —

Kayser-Nürnberg: M. H.! Ich eröffne die Diskussion über die Ausführungen des Herrn Vorredners.

Emmerich-München: M. H.! Nach dem sehr interessanten Vortrage des Herrn Medicinalrathes Merkel könnte es den Anschein gewinnen, als hätten die neueren Untersuchungen ergeben, dass das Trinkwasser immer ein sehr geeignetes Medium zur Vermehrung der Microorganismen sei. Meiner Ansicht nach muss man, wenn man die neuesten experimentellen Arbeiten von Wolffhügel genau betrachtet, gerade zu der entgegengesetzten Ansicht kommen. Sowohl Wolffhügel als Bolton haben nachgewiesen, dass pathogene Organismen im Wasser verhältnissmässig rasch zu Grunde gehen, in nur einigen wenigen Ausnahmefällen hat man eine lange Lebensdauer dieser Organismen im Wasser beobachtet. Nun sind aber bei diesen Untersuchungen einige sehr wichtige Momente nicht genügend gewürdigt worden. Die Untersuchungen wurden bei einer Temperatur von 15—35° C. ausgeführt, es ist dies eine Temperatur, wie sie nie in einem Brunnenschachte vorhanden ist, ein solches Wasser trinkt kein Mensch mehr. Der Hauptpunkt ist aber jedenfalls der, ob pathogene Microorganismen neben gewöhnlichen Wasserbacterien sich fortpflanzen. Ein derartiger Versuch fällt immer zu Ungunsten der ersteren aus. In unserem Institute wurde durch Dr. Kraus gerade diese Frage besonders gewürdigt und hat es sich hierbei gezeigt, dass selbst, wenn man Cholerabacillen in enormer Ueberzahl in das Wasser bringt, diese nach 24 oder 48 Stunden, trotzdem ihre Zahl mehrere Millionen betrug, verschwunden sind. Auf Gelatineplatten kommen die Wasserbacterien neben Typhusbacillen dagegen gar nicht zur Entwickelung, auf ihnen sind die letzteren die stärkeren und überwuchern die Wasserbacterien, sie drängen sie zurück, hindern ihre Entwickelung und bewirken ihr Verschwinden. Aber im Wasser sind die gewöhnlichen Bacillen die Sieger. Diese Thatsachen bestätigen also die schon früher durch epidemiologische Untersuchungen bis zur Sicherheit festgestellte Thatsache, dass das Trinkwasser beim Entstehen von Epidemien von keiner Bedeutung ist. Ich möchte in Bezug auf Typhusbacillen noch bemerken, dass man beim Nachweise derselben sehr vorsichtig sein muss. Es giebt im Brunnenwasser eine grosse Anzahl von Microorganismen, welche Kolonien bilden, die denen der Typhusbacillen sehr ähnlich sind. Das Wachsthum dieser Wasserbacterien auf Kartoffeln ist noch nicht näher untersucht und ist es im höchsten Grade wahrscheinlich, dass sie auch da ein ähnliches Wachsthum wie jene zeigen. Mir lag ein Fall vor, in welchem im Wasser ein Bacillus gefunden wurde, der dem Typhusbacillus sehr ähnlich war. Aber diese den Typhusbacillen auf Gelatineplatten ähnlich wachsenden Wasserbacillen entwickelten in Bouillon Fäulnissgeruch, während die Typhusbacillen einen ausgesprochenen Nusskerngeruch erzeugen. Nur dadurch ist die Unterscheidung gelungen. Die bacteriologischen Untersuchungen haben es im höchsten Grade wahrscheinlich gemacht, dass

Epidemien durch das Wasser nicht entstehen können, und dass das Wasser einen sehr ungünstigen Nährboden für pathogene Microorganismen darstellt, welche an ein gutes Nährmaterial gewöhnt sind.

Jegel-Hof: M. H.! Ich habe mich mit bacterioskopischen Untersuchungen ebenfalls beschäftigt und habe erfahren, dass die Verhältnisse bei uns sehr günstig liegen. Es finden sich nur vier verschiedene Arten von Microorganismen vor und unter ihnen auch ein Bacillus, welcher die Gelatine verflüssigt. Nur in Wasser, das von Haus aus schon schlecht ist und organische Stoffe enthält, fand ich eine grössere Anzahl von solchen, und zwar im ccm bis zu 100. Ich glaube, dass es nothwendig ist, wenn wir etwas erreichen wollen, dass an einer Centralstelle alle die Erfahrungen, die gemacht werden, mitgetheilt werden. Dann wird sich die Sache klären. Es ist ja unsere Kenntniss von diesen Bacillen noch eine sehr unvollkommene und es ist ausserordentlich schwer, die einzelnen Bacillen von einander zu unterscheiden. Wir haben keine anderen Unterscheidungsmerkmale als das Wachsthum. Ich glaube, wenn wir uns verpflichten, alle die Erfahrungen, die wir sammeln können, an einen Centralausschuss zu überweisen, so werden wir im Laufe der Zeit klarer sehen.

Merkel-Nürnberg: Ich acceptire die Aeusserung des Herrn Dr. Emmerich, dass das Wasser, besonders wenn es andere Pilze enthält, ein ungünstiger Nährboden für die pathogenen Organismen ist. Es kann aber doch ein Nährboden sein. Im Grossen und Ganzen hat das Fortbestehen und Weiterwachsen der pathogenen Organismen eine sehr beschränkte Dauer. Auf die Streitfrage bezüglich der Infectionsfähigkeit des Wassers und der Bedeutung des Trinkwassers als Infectionsquelle habe ich mich absichtlich nicht eingelassen, weil ich glaubte, es gehöre nicht hierher. Es fragt sich, ob Sie glauben, dass es wünschenswerth wäre, der bacteriologischen Untersuchungsmethode dieselben Rechte einzuräumen wie der chemischen. Etwas anderes habe ich nicht bezweckt und bitte, bei der Diskussion diesen Standpunkt einzuhalten.

Emmerich-München: Ich habe mich nur dadurch zu der Bemerkung veranlasst gesehen, dass Sie auf die Arbeiten zu sprechen kamen von Wolffhügel und Bolton, die doch die Frage sehr nahe berühren, ob das Trinkwasser Ursache von Infectionen ist oder nicht.

Kayser-Nürnberg: M. H.! Die Frage, um die es sich hier handelt, scheint mir so zu liegen, dass das Trinkwasser anerkannter Massen im Allgemeinen ein schlechter Nährboden für pathogene Microorganismen ist, wozu das Menschengeschlecht sich offenbar Glück wünschen kann, da so nur in besonders günstigen Fällen das Trinkwasser als Infectionsursache wirken können wird. Böte das Trinkwasser den pathogenen Organismen einen ebenso günstigen Nährboden wie etwa Gelatine oder ähnliche, bacteriologischen Versuchszwecken dienende Substanzen, so wäre wahrscheinlich das Menschengeschlecht im Kampfe mit diesen kleinsten Feinden längst erlegen. Ich glaube also, dass die Anschauungen, die hier von den Herren Merkel und Emmerich vertreten werden, sich gegenseitig durchaus nicht ausschliessen, da die Uebertragung von in das Wasser gelangten

Infectionskeimen durch dieses doch recht wohl geschehen kann, bevor sie in demselben aus mangelhafter Ernährung zu Grunde gegangen sind. Ich bin deshalb überzeugt, dass Niemand unter uns der bacterioskopischen Wasseruntersuchung ihren hervorragenden Werth bei der Beurtheilung von Wasser für Genusszwecke bestreiten wird, ihr gegenüber besitzt die chemische Untersuchung stets nur eine, ich möchte sagen, indicatorische Bedeutung, d. h. sie kann in vielen Fällen feststellen, ob solche Verunreinigungen etc. in das Wasser gelangt sind, welche die Möglichkeit gewähren, dass gleichzeitig pathogene Organismen in dasselbe gelangen. Ich halte hiermit die Aufgabe der chemischen Wasseruntersuchung in hygienischer Hinsicht für im Wesentlichen erschöpft. Die bacteriologische Wasseruntersuchung ist offenbar eine ebenso wichtige wie nothwendige Ergänzung der chemischen Analyse, wenn sie auch ihren vollen Werth in epidemiologischer Beziehung wohl erst noch erlangen wird. Wenn sich kein Widerspruch erhebt, glaube ich das Gesagte als der Auffassung der Versammlung entsprechend betrachten zu dürfen. Da sich Niemand weiter zum Wort gemeldet hat und kein besonderer Antrag vorliegt, gehen wir zu Punkt 3. über.

Ueber Südweine und Medicinalweine,
ihre Zusammensetzung und Beurtheilung
von E. List-Würzburg.

Meine Herren! Im Anschluss an ein früheres Referat über Süssweine[1]) möchte ich heute Ihre Aufmerksamkeit auf die Gewinnung, die Eigenschaften und die daraus hervorgehenden Beurtheilungsnormen derjenigen Weine richten, welche wir als Südweine kennen und die in engerem oder weiterem Sinne ärztlichen Zwecken dienen. Ganz im allgemeinen muss ich vorausschicken, dass mit wenigen Ausnahmen, und auch diese beziehen sich erst auf die allerjüngste Zeit, die Verarbeitung des Traubensaftes in anderer Weise erfolgt, als sie bei uns üblich ist, und es darf uns daher nicht überraschen, dass die erhaltenen Producte von den bei uns erhaltenen wesentlich abweichen. Die tiefergehenden Unterschiede, welche die südlichen Weine gegenüber den unseren zeigen, sind begründet, einmal in den Rebsorten jener Gegenden, dann in der anders geleiteten Vergährung, sowie in den künstlichen Veränderungen, welche die Traubensäfte erleiden. Wir werden am schnellsten zum Ziele gelangen, wenn wir die einzelnen Productionsgebiete kurz skizziren und dasselbe am sichersten erreichen, wenn wir den Ausführungen des Freiherrn von Babo in seinem Werke „Handbuch des Weinbau" folgen.

Das am meisten nach Osten vorgeschobene Productionsland, welches den europäischen Markt theilweise mit Wein versorgt, und dem sicherlich eine sehr glänzende Zukunft in Aussicht steht, ist Syrien und Kleinasien. Insbesondere Württemberger und in den Ebenen französische Einwanderer haben dort die Rebcultur eingeführt und seit dem Jahre 1880 nicht unbedeutende Quantitäten von Wein zur Ausfuhr gebracht, die in Frankreich willige Aufnahme finden. Es sind vorzüglich rothe und blaue Trauben,

---

[1]) Süssweine, Vortrag von E. List, Hamburg bei Voss 1884.

welche gebaut werden und die man ähnlich wie die Feigenbäume durch Anstreichen mit Theer vor dem Insectenfrasse schützt. Die Schwierigkeit, welche sich in allen warmen Ländern dem Weinproducenten entgegenstellt, gleichartige Weine zu erzielen, suchten insbesondere die Herren Chevalier und Brun durch Anlegung von tieferen Kellern zu begegnen. Das Verfahren zur Herstellung der Weine ist ein höchst einfaches und besteht darin, dass man die Trauben möglichst lange hängen lässt und dann den gewonnenen Saft entweder für sich zur Vergährung bringt, oder einen Theil davon kocht und so eine Concentration herbeiführt. Es entstehen auf diese Weise je nach dem eingeschlagenen Verfahren Trocken- oder Süssweine. Nur die ersteren zeigen ein gewisses Aroma und werden von Kennern mehr geschätzt[1]).

In den Ebenen wird infolge der eintretenden Frühreife weniger auf die Gewinnung von Weinen gesehen als auf die Gewinnung der getrockneten Beeren, deren Ausfuhr im Jahre 1883 und 1884 fast 81 000 Tonnen betrug. Es gehen diese getrockneten Rosinen nach Frankreich, welches die kleinen Früchte ausschliesslich zur Bereitung von Weinen verwendet, während die Sultan-Rosinen nach England, Holland und Deutschland, wahrscheinlich zu gleichem Zwecke, gehen.

Griechenland, dessen Weinbaugebiet sowohl an den Küsten des Festlandes als auf den Inseln zu suchen ist, liefert Wein der allerverschiedensten Art. Auch hier lassen sich wieder zwei Gruppen unterscheiden: Trocken- und Süssweine. Die Trockenweine, alle durch relativ hohen Alkoholgehalt und kleine Mengen Glycerin ausgezeichnet, werden durch Vergährung in halb unterirdischen Kellern gewonnen. Die hohe Temperatur, welche zur Zeit der Gährung herrscht, macht es begreiflich, dass die Gährung selbst ungemein schnell verläuft und dass die Neigung zur Essigsäurebildung eine sehr grosse ist. Diese beiden Factoren bewirken, dass der Glyceringehalt klein, der Gehalt an flüchtigen Säuren relativ gross erscheint. Leider sucht der Producent die Schädigung, welche Süssweine dadurch erleiden, nicht durch vorsichtigere Behandlung, Aufbau kühlerer Keller u. s. w. zu verbessern, er greift in vielen Fällen zur Aufstreuung von Gyps.

Die süssen griechischen Weine, die wir heutzutage als Sect bekommen, und die insbesondere von zwei Gesellschaften, der Achaia und der Patras, zu uns gelangen, sind ja, wie alle Süssweine, Kunstproducte, die erhalten werden, indem man dem vergohrenen Weine durch Einkochen und Concentriren haltbar gemachten Traubensaft zugesetzt hat. Es sind diese Weine, die bis zu 36 $\frac{0}{0}$ Zucker und 10 $\frac{0}{0}$ Alkohol enthalten, deren Phosphorsäuregehalt bis zu 60 $\frac{0}{0}$ mg beträgt, eine Handelswaare geworden, welche minder begünstigten Ländern ein werthvolles Material zur Meliorirung ungenügend gereifter Traubensäfte liefert.

Die herben griechischen Weine, ähnlich wie die italienischen, durch Vergähren der ganzen Traube mitsammt den Kämmen gewonnen, sind ihres eminent hohen Gerbstoffgehaltes wegen als Trinkweine nicht geeignet und sind gesuchte Arzneimittel, wenn, was ich nicht weiss, der Gerbstoff

---

[1]) Nach einer Mittheilung der „Allgemeinen Weinzeitung" redigirt von Professor Dr. Bersch.

in der denkbar theuersten Form, wie er hier vorhanden ist, eine grössere
Wirkung auszuüben vermag.

Von grösserer Bedeutung für unsere deutschen Verhältnisse sind die
Weine, welche die südöstlichsten und südlichen Provinzen Oesterreichs sowie
Italien erzeugen. Die italienischen Rebsorten sind im grossen Ganzen entschieden geringwerthiger, als die Frankreichs und daraus erklärt es sich leicht,
dass sich die italienischen Weine schwerer einbürgern als die französischen,
und dass sie von den wenigsten Deutschen mit Behagen getrunken werden
können. Hieran ist vor allem der allzugrosse Gehalt an Gerbstoff und an
Säure schuld und das Fehlen eines jeden Aromas lässt sie als wilde und
unharmonische Getränke erscheinen. Je nach den Productionsgebieten ist
der Charakter des erhaltenen Weines, die Gewinnung desselben, seine Be-
bauung, sowie die Aufzucht der Reben eine sehr verschiedene. Es würde
mich die Aufzählung dieser Unterschiede, so interessant sie auch sein
mögen, viel zu weit führen und ausserdem nicht in den Rahmen passen,
den ich mir gesteckt habe.

Wir kommen insbesondere mit den aus den südlicheren Provinzen
Italiens, sowie mit den an den Westhäfen der südlichen Provinzen Oesterreichs zur Einschiffung gelangenden Weinen in Berührung, die alle eine
ganz merkwürdige Uebereinstimmung zeigen, soweit sie chemischerseits
nachgewiesen werden kann. Es sind Weine, die durch eminent grosses
Färbungsvermögen ausgezeichnet sind und über ein grosses Maass von
flüchtiger Säure verfügen, bei denen aus Gründen, die ich später anführen
werde, Glycerin und der Gehalt an Phosphaten wesentlich vermindert erscheint. Alle sind durch ihre Neigung zur Essigsäurebildung ausgezeichnet
und enthalten mehr davon, als unsere Rothweine.

Iberien, als die nächstliegende Productionszone, in neuerer Zeit auch
Algier, liefert uns eine Reihe von Weinen, welche wohl zu den verbreitetsten gehören. Es ist nach Frankreich und Italien das bedeutendste
Weinland, dessen Export grösser als der Italiens ist, wohl desshalb, weil
Spanien es früher verstanden hat, seinen Weinen den englischen Markt zu
erschliessen. Es exportirt sowohl stark gefärbte Verschnittweine, welche
meist schon in Cette Verwendung finden und von da aus ihre Reise durch
die Welt antreten, als auch stark alkoholreiche Weine, sowie Süssweine.
Im allgemeinen ist die Gewinnung auf der iberischen Halbinsel auf einer
niederen Stufe. Unterirdische Weinkeller findet man nirgends, der Ausbau
der Weine geschieht in oberirdischen Räumen, den sog. Bodegas. Statt
Fässer finden sogar noch gemauerte Cisternen oder grosse Thongefässe
Anwendung. Trotzdem alle die Bedingungen zur Erzeugung der Weine
noch ungünstiger sind als in Italien, sind die gewonnenen Producte unserem
Gaumen zusagender, weil dieselben viel harmonischer als die italienischen
Weine sich bauen.

Die starken Verschnittweine werden nicht wie in Italien durch Vergähren der ganz zerstampften Trauben gewonnen, es werden vielmehr, wie
das auch bei uns der Fall ist, die Kämme vorher entfernt und dadurch
ein weicher, milder Wein von grossem Gerbstoffgehalt erhalten, der nicht
den eigenthümlichen unangenehmen Beigeschmack zeigte, der den italienischen eigen. Weitaus der grösste Theil der gewonnenen Rothweine wird
in Cette verarbeitet und unter den verschiedensten Namen auf den Markt

weitergeführt. Die alkoholreichen Weine der iberischen Halbinsel, wozu wir vor allem den Sherry, den Malaga und den rothen Alicante zu rechnen haben, sind durchgehends Kunstproducte, die in Portugal producirten Liqueurweine, Madeira u. s. w. werden alle auch in Spanien imitirt. Der Xeres, unter dem englischen Namen Sherry bekannt, wird in der Provinz Cadix erzeugt. Die Weine werden fast durchaus lange lagern gelassen, wobei sie erst ihre Vorzüge entwickeln. Heurige Weine werden fast gar nicht verkauft. Der Xeres, welcher besonders in England viel consumirt wird, ist zumeist ein starker, wenig süsser Wein von schöner, bernstein-gelber Farbe und characteristischem Aroma. Je nach der Grösse des Zusatzes von Weinsprit oder eingeengtem Most entstehen verschiedene Qualitäten, so Sherry pale, Sherry ser, Sherry doré und brun. Die Auf-bewahrung und Lagerung der Weine geschieht in oberirdischen Localen, den Bodegas, woselbst die Weine verschiedenen Alters, doch von einer bestimmten Lage oder einem bestimmten Typus eine sog. Solera bilden, bestehend aus einer Reihe grösserer Fässer, deren jedes das Product eines anderen Jahrganges enthält. Die älteren Jahrgänge werden stets mit den nächstjüngeren aufgefüllt und der älteste Jahrgang wird zum Verkaufe ge-bracht. Jeder Händler, vielfach Engländer, hat mehrere solcher Typen. Im Gebiete der Xeresweine finden sich nach Hamm dreierlei Bodenarten, Kalk, eisenschüssiger Thon und Sandgeschiebe. Der Kalkboden (Alba-virsza) liefert die vorzüglichsten Weine. Einen ganz bedeutenden Industrie-artikel bilden auch süsse Weine aus den verschiedensten Früchten, theils rein, theils mit Hilfe von Traubenwein dargestellt, so Weine von Orangen, Granatäpfeln, Popone — einer melonenartigen Frucht —, Aepfeln, Erd-beeren, Aprikosen und Sauerkirschen. Speciell von Orangen wird ein Wein direct aus deren Saft erzeugt, sowie ferner auch aus der Schale derselben, deren alkoholisirter Auszug zu weissem, aus der Traubensorte de Roy her-gestelltem Weine zugesetzt wird.

Die südlichste Provinz ist Malaga, deren gleichnamiger Wein neben dem Sherry einer der bekanntesten Weltweine ist. Die vor-herrschende Traubensorte ist der Pedro Simenez, welche sowohl zur Erzeugung der allgemein bekannten Malagaweine als auch feiner Dessert-weine dient.

Die Weinlese findet in der ersten Hälfte des August statt; der ge-kelterte Most hat oft eine Temperatur von 32 bis 42° C. Der trockene Malaga ist alkoholreicher als der süsse und die Lagrimoweine werden aus den reifesten Trauben und aus dem ohne Druck von den Keltern fliessen-den Most erzeugt.

Der verschiedene Charakter wird den einzelnen Typen der Malaga-weine vor allem durch entsprechend geregelten Zusatz eigens präparirter Flüssigkeiten, zunächst des vino maestro und des vino tierno gegeben. Letzterer wird aus den Trockenbeeren der Piedrotraube hergestellt, indem selbe zerdrückt, die teigartige Masse mit etwa $\frac{1}{3}$ Wasser verarbeitet und dann gepresst wird. Der vino maestro ist einfacher hergestellt, indem man 15 $\frac{0}{0}$ Alkohol zu dem kaum in Gährung gekommenen Most setzt und selbe dadurch unterbricht.

Der dunkelbraune Malaga wird durch Zusatz von Arope und Color zu ursprünglichem, trockenem oder süssem Malaga hergestellt.

Die Arope wird erhalten, indem man weissen Malagamost über freiem Feuer etwa auf $\frac{1}{3}$ einkocht. Sie schmeckt bitter und angebrannt und bildet einen dickflüssigen Syrup.

Dunkler, doch weniger dickflüssig, ist Color, den man durch Eindampfen von Arope auf $\frac{2}{5}$ des Volumens unter beständigem Sieden erhält, worauf man durch Zusatz von etwas Wasser mit frischem Most das ursprüngliche Volumen wieder herstellt.

In der Jugend sind die feinen Malagaweine von Bernsteinfarbe, liqueurartig, welch letztere Eigenschaften sie im Alter verlieren, sie werden dann feingeistig, zeigen ein sehr feines Aroma und erhalten eine braune Farbe. Zu uns kommen zumeist die dunkeln, mit Color versetzten Weine.

Rothwein liefert Malaga nur wenig und diese kommen kaum in den grossen Handel. Was als echter rother Malaga verkauft wird, ist fast immer Alicante.

Die Provinz Alicante nennt Frojo, der bekannte süditalienische Oenologe, die klassische Erde in Bezug sowohl auf die Quantität als die Verschiedenartigkeit und Güte der Weine, deren Alkoholgehalt zwischen 12 und 20 $\frac{0}{0}$ wechselt. Sie werden in grosser Menge ausgeführt und sind in ganz Europa bekannt.

Der berühmteste Rothwein dieser Provinz ist der Fondillon, der im Handel einfach als Alicante, in Deutschland als echter Malaga verkauft wird. Er behält längere Zeit eine dunkelrothe Farbe, nach und nach aber setzt sich die Farbe an den Wänden ab, so dass der Wein purpurroth wird. Durch Lagern verbessert er sich, behält aber immer einen eigenartigen medicinischen Geschmack, der merkwürdigerweise sehr geschätzt wird.

Für Portugal kommt weitaus in erster Linie der Oporto oder Portwein in Betracht, der in den Hügellagen zu beiden Seiten des Douro gewonnen wird. Der Portwein ist insbesondere in England und Amerika sehr beliebt und kann infolge seiner allgemeinen Verbreitung als Weltwein gelten.

Der Export des Portos war von 1757 bis 1867 als Monopol in den Händen der Alto-Douro-Compagnie, ohne deren Bewilligung keine Piepe des Weines ausgeführt werden durfte, wodurch der Handel ausserordentlich litt und die Weinindustrie des Dourothales sich nicht so entwickeln konnte, wie es gegenwärtig der Fall ist.

Der Hauptweinbau findet statt in dem Dreiecke zwischen dem Douro und dem Rio Corgo, welcher District sich wieder in den oberen und den unteren Corgo theilt, deren ersterer die besten Producte liefert.

Die besten Weine heissen vinhos de fectoria, sind für den Export bestimmt und werden eigens präparirt. Die geringeren sind die vinhos di ramo, die theils im Lande selbst verzehrt, theils zu Sprit verarbeitet werden. Die zum Export bestimmten Weine werden stark alkoholisirt und sind überhaupt die alkoholreichsten Weine der Welt. Die Lese ist meist Ende September, die Trauben werden sammt den Kämmen mit den Füssen ausgetreten und die Maische durch längere Zeit der Gährung überlassen.

Ist der grösste Theil des Zuckers vergohren, wird die Gährflüssigkeit durch nackte Männer, die in die Kufe einsteigen, tüchtig durchgearbeitet und kurze Zeit darauf in grosse Fässer abgezogen.

Bei Herstellung der vinhos di ramo sucht man weniger herbe Weine durch kürzere Zeitdauer der Einwirkung der Gährung zu erreichen, als bei Exportweinen.

In guten Jahren enthält der so erhaltene Jungwein noch genug Zucker und ist zu seiner Fertigstellung nur ein entsprechender Spritzusatz nöthig. In geringeren Jahren oder überhaupt, wenn es sich um Erhöhung des Zuckers, bzw. Extractgehaltes handelt, setzt man dem Weine Jeropiga (eingekochten Most) zu.

Die Färbung des Port ist selten eine natürliche und zwar nur dann, wenn eine genügende Menge von Sanzo- oder Tintotrauben verwendet wurde. Zumeist hilft man durch Zusatz von Farbextract nach, der aus getrockneten Hollunderbeeren gewonnen wird, die in Säcke gefüllt, diese in Bottichen mit Wein übergossen und so lange mit nackten Füssen ausgetreten werden, bis der meiste Farbstoff extrahirt ist. Pro Piepe = 435 l rechnet man 24—30 kg Hollunderbeeren.

Auch die Jeropiga bildet einen Handelsartikel. Sie heisst ungefärbt vinho mudo, mit Sprit und Farbextract versetzt Tinto. Der Spritzusatz geschieht nicht auf einmal, sondern jedesmal beim Abziehen und kann sich auf $10-12\frac{0}{0}$ Alkoholzusatz belaufen.

Der Farbzusatz geschieht erst nach mehrmonatlichem Lagern des Weines. Nach neun Monaten erst kann der Wein exportirt werden. Um fein zu werden, muss der Portwein längere Zeit auf Flaschen lagern. Er setzt daselbst ziemlich viel Farbstoff ab, erhält eine viel dunklere Farbe, ist stark, geistig, herbe. Er wird in Sicilien, in Cette und Spanien vielfach imitirt, der Extract durch Rohrzuckerzusatz erzeugt, abgesehen von dem ganz kunstlosen Gepantsche, das in Norddeutschland — ähnlich wie beim Sherry — unter der Flagge von Portwein hergestellt wird.

Die canarischen Inseln erzeugen den Madeira in zwei Hauptsorten: den Malvasia und einen Rothwein: Tinto.

Die Weinlese beginnt hier schon Ende Juli und die Exportweine erhalten einen wiederholten Zusatz an Weingeist. Sie erhalten ihren Werth erst durch Lagern und sind stets etwas herb von starkem Aroma, viel feiner als Xeres. Der Handel mit Madeira ist fast ganz in den Händen von Ausländern, vielfach auch Deutschen.

Algier verdankt französischen Colonisten einen ebenso bedeutenden Aufschwung seines Weinbaues, wie das Capland den Engländern. Es bringt in neuerer Zeit Weine mit sehr beachtenswerthen Eigenschaften zu uns in Handel, die vermöge ihres Feuers den spanischen Rothweinen ähnlich, für uns jedoch noch von untergeordneter Bedeutung sind.

Was die Untersuchung und Beurtheilung aller dieser Weine anbelangt, so sind wir um so mehr gezwungen, gemeinsame Massregeln zu vereinbaren, als Italien und Spanien ganz ausserordentliche Anstrengungen machen, um mit ihren Weinen Deutschland geradezu zu überschwemmen. Wir Alle haben ja in den letzten Tagen erfahren, dass Italien ein grosses Transitlager für Weine in München unter staatlicher Aufsicht errichtet, und dass Spanien sich rüstet, ein Gleiches zu thun, nachdem ihm bekannt, dass seine Bodega's, die es gleich Fühlhörnern nach Deutschland ausgestreckt, willige Aufnahme gefunden.

Ich bekenne mich, wie ich vorausschicken muss, zu der Ansicht, dass die Rothweine der südlichen Länder, welche aus Traubenspielarten gewonnen sind, über deren Farbstoffe uns auch nicht das Mindeste bekannt ist, unter denen sicherlich Spielarten sind, wie z. B. die Färbertraube, deren Farbstoff ein ganz anders gearteter sein muss, als der anderer Trauben in Bezug auf künstliche Färbung nicht weiter zu prüfen sind als auf Theerfarbstoffe. Auch die Arbeit, welche dieses Jahr über Farbstoffe erschien, wird den Weg gehen, den die früheren wandelten. Sie wird irgend einem Forscher Gelegenheit geben, zu beweisen, dass wir nichts vom Traubenfarbstoffe wissen, und so lange dies der Fall ist, alles Suchen nach Kennzeichen der Malven, Heidelbeeren etc. eitel ist. Ich erwähne hierzu, dass ich unter den vielen Weinen, die ich untersucht, einen einzigen, einen Italiener, gefunden habe, der fuchsinirt war.

Wir theilen die südlichen Weine zum Zweck der Besprechung am besten in zwei Gruppen und rechnen zur ersten Gruppe alle sog. trockenen Weine, zur zweiten alle concentrirten, sowie die Ausbrüche.

Alle trockenen südlichen Weine sind durch ihren hohen Alkoholgehalt, relativ geringen Mengen Phosphorsäure, Glycerin, Gesammtsäure, sowie durch ihren Reichthum an flüchtigen Säuren ausgezeichnet.

Der hohe Alkoholgehalt kommt bei der Beurtheilung nicht wesentlich in Betracht, da uns ja bekannt, dass viele Weinzonen ihren Wein nur mit Sprit versetzt in den Handel bringen und jeder Kenner eines solchen Weines weiss, dass nicht alle Alkoholprocente durch Gährung des Traubensaftes sich gebildet haben. Wir sind entgegenkommend genug, solche Weine nach den Normen zu beurtheilen, die in der Heimath derselben Geltung haben. Und doch sind es gerade die von Süditalien aus in den Handel kommenden tief gefärbten Weine, welche als Verschnittweine Verwendung finden, die uns ernste Verlegenheiten bereiten können, insofern, als das Untersuchungsresultat eines Verschnittweines nicht mit dem Wortlaute des Nahrungsmittelgesetzes, wonach Wein der vergohrene Traubensaft ist, in Einklang gebracht werden kann. Wurde doch erst vor einiger Zeit in einer Stadt Südbayerns ein Process wegen Weinfälschung durchgeführt, bei dem es sich um einen solchen Verschnittwein handelte, den der betreffende Chemiker deshalb für gespritet und gefälscht erklärte, weil ihm zur Alkoholmenge $\frac{4}{100}$ % Glycerin fehlte.

Die geminderten Glycerinmengen, welche wir insbesondere bei den Italiener Rothweinen finden, stehen im innigen Zusammenhang zu den grösseren Mengen an Essigsäure, welche sich in denselben bilden.

Die sehr schöne Arbeit von Barth[1]) hat über die Abhängigkeit des Alkohols und Glycerin von Essigsäure Licht verbreitet. Es hat, wie ich kurz erwähnen will, Barth nachgewiesen und es stehen diese Untersuchungen im vollständigen Einklange mit den Beobachtungen, welche von Raumer und mir gemacht wurden, dass Essigsäure den Gährungs-

---

[1]) Ueber den spec. Einfluss der Essigsäure etc. von Dr. M. Barth, in „Weinlaube" 1885 Nr. 9.

verlauf insofern verändert, als weniger Glycerin sich bildet aus gleichen Mengen Zucker, wie bei Abwesenheit derselben.

Erwägen wir, dass die hohe Temperatur, das eigenthümliche Einmaischen der blauen Trauben, die Erzeugung einer so porösen auf der Oberfläche schwimmenden Masse, die Essigsäurebildung ausserordentlich begünstigt, dann werden wir es erklärlich finden, dass wir in die Lage kommen können, einen italienischen Rothwein, oder was wichtiger für uns ist, einen daraus hergestellten Verschnitt für gespritet zu erklären, der es in Wirklichkeit nicht ist.

In dem Maasse, als Italien seine Absatzgebiete nach Aussen zu erweitern sucht, wird es im Innern von selbst gezwungen werden, für eine wissenschaftlicher geleitete Vergährung, sowie für Anlage von Kellern, rationelleren Ausbau der Weine und dadurch grössere Haltbarkeit derselben, Sorge zu tragen.

Am meisten auffallend war mir der geringe Gehalt an Phosphaten, welchen die vergohrenen Weine, soweit sie im jugendlichen Alter in den Handel kommen, zeigen, der in gar keinem Verhältniss zu dem grossen Eiweissgehalt der Trauben steht. Untersuchungen, welche ich vor zwei Jahren begonnen und die aus verschiedenen Gründen noch nicht zu Ende geführt werden konnten, gaben hierüber Auskunft. Das Resultat dieser Untersuchungen ist in Kürze folgendes: Lässt man Traubensaft von bestimmtem Phosphorsäuregehalt rasch vergähren, entfernt nach vollständiger Gährung die Hefe, dann beträgt in dem gewonnenen Weine der Phosphorsäuregehalt bis zur Hälfte weniger, als er im Traubensafte vorhanden war. Wird dagegen der Wein nicht abgegossen, sondern längere Zeit noch auf der Hefe stehen gelassen, dann steigt der Phosphorsäuregehalt wieder und zwar mit der Zeitdauer der Einwirkung. Es scheint mir, dass die Hefezellen die Phosphate zurückbehalten und erst nach dem vollständigen Zerfall derselben ihr Inhalt sich wieder im Weine löst. Wie sich dadurch auf diese Weise der ausserordentlich gesteigerte Gehalt an Phosphorsäure in den sog. Hefenweinen erklärt, erklärt sich der geringe Gehalt derselben in denjenigen Südweinen, die gleich nach der Gährung in den Handel gebracht werden.

Glycerinbestimmungen sind meist ohne Werth, weil die Weine, anders vergoren als unsere, nicht mit unserem Maasse gemessen werden dürfen.

Die Untersuchung und Begutachtung der südlichen Süssweine und Ausbruchweine ist, wie aus ihrer Gewinnung verständlich, eine anders geartete, als die der Trockenweine.

Wir verstehen unter südlichen Süssweinen solche Kunstproducte, welche durch Zusatz von eingedampftem Traubensaft hergestellt werden und die einen grösseren oder kleineren Zusatz von Weingeist erhalten haben. Unter Ausbruchweinen würden diejenigen zu verstehen sein, welche durch Extraction von getrockneten Trauben erhalten werden und denen man einen Zusatz von Rohrzucker und Weingeist erlaubt.

Diese beiden Arten von Süssweinen sind dadurch ausgezeichnet, dass sie die Bestandtheile der Traube in concentrirter Menge haben und alle Versuche, diese Traubenbestandtheile durch andere einseitig ersetzen zu wollen, erkläre ich für Fälschung.

Wie aus der Bereitung der Süssweine und Ausbruchweine hervorgeht, ist der Extractgehalt in erster Linie ein sehr gesteigerter und kann, wie bei dem griechischen Sect, bis zu 36 $\frac{0}{0}$ betragen.

Der Werth dieser Weine ist zweifelsohne in der hohen Concentration derselben zu suchen und ist die Bestimmung des Extractes, sowie die des vorhandenen Zuckers ein wesentliches Erforderniss. Nur lässt sich das Extract in concentrirten Lösungen nicht durch Austrocknung bestimmen, einmal weil die Extractmasse eine fast undurchdringliche wird und dann, weil das Extract selbst bei längerer Erwirkung von Wärme verändert wird.

Dieser Missstand führt zu Abweichungen, welche ein paar Procent betragen können, hinreichend genug, um ernste Verlegenheiten zu bereiten. Diese Missstände können auf zweifache Weise umgangen werden:

1. nach den Vorschlägen Weigelt's durch Verdünnen des Weines mit Wasser, bis die Lösung ungefähr 2 $\frac{0}{0}$ Extract hat, oder aber
2. durch die Bestimmung des specifischen Gewichts der entgeistigten und wieder auf ihr ursprüngliches Volumen gebrachten Flüssigkeit.

Erstere Methode ist zeitraubend, die zweite schnell ausführbar und giebt Zahlen, die fast immer in der ersten Stelle noch übereinstimmen. Ich wende dies Verfahren seit Jahren an und Tausende von Bestimmungen haben mir dasselbe als ein sehr sicheres lieb gemacht.

Mit der Bestimmung des Extractes hat eine Bestimmung des Zuckers, sowie eine Prüfung auf allenfalls noch nicht invertirten Rohrzucker Hand in Hand zu gehen.

Die Prüfung auf letzteren ist eine von Tag zu Tag nothwendiger gewordene, und es lohnt sich ein Blick auf deren Ursache. In Ausbruchweinen finden wir den Rohrzucker seit den siebziger Jahren, vielleicht schon früher; in einem spanischen Südweine habe ich ihn dieses Jahr zum ersten Male nachgewiesen.

Im Jahre 1882 findet sich in der „Weinlaube" ein Aufsatz von Babo, in welchem er die Bereitung der Tokaier Ausbrüche dahin gewissermassen vorschreibt, dass den Extracten, welche durch Behandlung von Wein mit getrockneten Trauben erhalten werden, Rohrzucker zugesetzt werden soll. Es liegt nahe, zu befürchten, dass diese scheinbare Verstärkung eines Weines, die Erhöhung seines Extractes durch ein an und für sich werthloses Ding als theilweiser Ersatz des weitaus werthvolleren Traubensyrups, bei Producenten Anklang finden werde. Diese Befürchtung wurde dieses Frühjahr zur Gewissheit, indem von einem englischen Importeur ein Portwein hierher verkauft wurde, dessen Extractgehalt fast ausschliesslich Rohrzucker war. Ich fürchte ferner, dass wir in Zukunft häufiger dem Rohrzucker auf diesen Bahnen begegnen werden.

Dies Vorkommen bestimmt mich, nahe zu legen, wie sehr nöthig es ist, mit der quantitativen Bestimmung des Zuckers eine genaue Bestimmung des Extractes, wie sie durch die Bestimmung des specifischen Gewichtes der entgeistigten Flüssigkeit möglich ist, zu verbinden.

Der Rest, den wir nach Subtraction des Zuckers vom Extracte erhalten, giebt uns das Maass der Concentration an, das wir weder aus Extract, noch aus dem optischen Verhalten ermessen können.

Hat der Zusatz von Rohrzucker erst vor kürzerer Zeit und zum fertig gebildeten Weine stattgefunden, dann ist der Nachweis desselben sehr leicht zu erbringen, wenn wir das optische Verhalten des Weines vor und nach der Inversion kennen. Die Inversion ist jedoch vorsichtig durchzuführen und insbesondere jedes zu starke Erhitzen zu vermeiden, weil sonst Zucker zerstört wird und sich kleine Mengen Rohrzucker der Beobachtung entziehen.

Am besten wird die Inversion bewerkstelligt, wenn wir 50 ccm Wein mit 20 ccm Wasser und einem Tropfen Salzsäure versetzen und zwei Stunden lang auf einer Temperatur zwischen 50 und 60° halten.[1])

Schwieriger, in den meisten Fällen ganz unmöglich, ist der Nachweis, wenn Rohrzuckerzusatz zum gährenden Safte oder dann stattgefunden hat, wenn der Wein noch Hefe enthielt. Es haben die schönen Untersuchungen, welche wir Müller-Thurgau[2]) verdanken, ergeben, dass das in der Hefe enthaltene Invertin in ausserordentlich kurzer Zeit, besonders bei gesteigerter Temperatur, Rohrzucker vollständig zu invertiren vermag. Solch vollständig invertirter Rohrzucker, der im Weinextracte der Süssweine sich findet, ist für uns als solcher unkenntlich und nur der Vergleich der gefundenen Zuckerprocente mit dem Extracte gewährt Aufschluss über die Concentration des Weines.

Desshalb betone ich die Nothwendigkeit, beide Bestimmungen auszuführen, und ersuche zu überlegen, ob nicht unser früher gefasster Beschluss, dass auf den Etiquetten der Medicinalweine der Gehalt von Alkohol und Zucker angegeben werde, dahin zu erweitern sei, dass ausser diesen Zahlen auch das specifische Gewicht der entgeistigten Flüssigkeit namhaft gemacht werde.

Ganz wesentlich wird uns die Beurtheilung der Süssweine erleichtert, wenn mit diesen Bestimmungen auch eine Phosphorsäurebestimmung ausgeführt wird. Da alle Süssweine unvergohrenen Traubensaft enthalten, ist der Phosphorsäuregehalt ein verhältnissmässig grösserer und es geben uns die gefundenen Mengen in Verbindung mit der Relation von Gesammtextract sehr interessante Aufschlüsse. Ich bedauere, dass zu diesem Zwecke Phosphorsäurebestimmungen so wenig ausgeführt werden. Ich halte sie für so geboten und habe mich so an dieselben gewöhnt, dass ich mir ohne dieselben kein klares Bild über den Charakter des Süssweines zu machen vermag. Wir haben ja Süssweine, bei denen die Menge Phosphorsäure, die wir verlangen, eine allseitig anerkannte ist und ich glaube, dass nichts uns hindert, ja dass wir einen guten Schritt vorwärts machen, wenn wir beschliessen, dass alle Süssweine und Ausbruchweine einen Gehalt von mindestens 40 mg Phosphorsäure aufweisen müssen.

Es ist diese Grenze eine sehr nieder gestellte, denn die Tokayer-Ausbrüche, die ich in letzter Zeit kennen lernte, enthielten zwischen 60 und 70 mg Phosphorsäure, während als Gegenstück ein Meneser-Ausbruch bei 16 mg Phosphorsäure keine grössere Concentration besass

---

[1]) d. h. der Wein wird mit soviel Wasser verdünnt, als während des zweistündigen Stehens (im offenen Becherglase) auf dem Dampfapparate flüchtig wird.

[2]) Zeitschrift für das gesammte Brauwesen, von Prof. Dr. Holzner in Nr. 8, 9 und 10. 1886.

als jeder gewöhnliche Landwein und den Beweis leicht führen liess, dass die gefundenen 5 $\frac{0}{0}$ Extract lediglich dem Rohrzucker entstammen.

Die Bestimmung der Phosphorsäure ist einfach. Ich löse die Asche in ein paar Tropfen Salpetersäure mit etwas Wasser und erwärme einige Minuten auf dem Wasserbade, bei sehr zuckerreichen Weinen, deren Einäscherung lange Zeit währte, unter Zusatz eines Tropfens rauchender Salpetersäure. Die Lösung titrire ich mit Uran.

Die Bestimmung von Glycerin ist bei allen Süssweinen auch ohne allen Werth.

Die zweite Frage meines Referates, die mir gestellt, welche Weine in der Hand des Arztes von Bedeutung sind, vermag ich nicht zu beantworten, soweit es sich nicht um Ausbruchweine und eingedickte Weine handelt, die ich bereits besprochen habe.

Die alkoholisirten trockenen Weine, welche heutzutage medicinischen Zwecken dienen, verdienen den Ruf, den sie geniessen und die Auslagen, die wir für ihre Anschaffung machen, nicht. Ist es der Alkoholgehalt, den wir im Port oder Sherry bezahlen? ist es der zugesetzte Rohrzucker, der den dünnen Meneser-Ausbruch zum stärksten aller Kräftigungsweine stempelt? — ich weiss es nicht. Das aber weiss ich, dass die bei uns gezogenen Rothweine es verdienen, ernstlicher in Betracht gezogen zu werden, um nicht länger die entwürdigende Rolle des Stiefkindes im eigenen Hause zu spielen und dass wir aus mehr als einem Grunde das Recht haben, den fremden Eindringlingen, die sich bei uns zu Gaste geladen, misstrauisch zu begegnen.

Nach alledem fühle ich mich schliesslich gezwungen, an die anwesenden, so massgebenden Herren Vertreter der Medicin das Ansuchen zu stellen, zu erklären, welche Bestandtheile und Eigenschaften der trockenen Südweine es sind, die ihnen die so bevorzugte Stellung von „ärztlich empfohlenen Medicinalweinen" verschafften.

Wir werden daraufhin später berathen können, inwieweit wir im Stande sind, diese Medicinalweine im eigenen Lande zu erzeugen oder dieselben zu entbehren und die beträchtlichen, dafür ins Ausland fliessenden Summen unserer deutschen, arbeitsamen und genügsamen Weinbau treibenden Bevölkerung nutzbar zu machen.

Ich stelle an die V. Versammlung der freien Vereinigung Bayerischer Vertreter der angewandten Chemie folgende Anträge:

1. Bei allen südlichen Süssweinen sind als wesentliche Bestimmungen auszuführen:[1]) die der Phosphorsäure, des Zuckers, des Extractes. Letzteres wird berechnet nach den Schultze'schen Tabellen aus dem specifischen Gewichte der entgeistigten Flüssigkeit.

2. Alle concentrirten Süssweine und Ausbruchweine haben eine Concentration zu erreichen, die 40 mg Phosphorsäure entspricht.

3. Alle Süssweine sind auf Rohrzucker zu prüfen und ist die Inversion durch dreistündiges Erwärmen auszuführen.

---

[1]) Natürlich zu den bereits allgemein ausgeführten! Dr. L.

Kayser-Nürnberg: M. H.! Es wird am besten sein, die Anträge des Herrn Referenten einzeln zur Diskussion und eventuellen Beschlussfassung zu bringen. Antrag I. lautet: **Bei allen südlichen Süssweinen sind als wesentliche Bestimmungen auszuführen jene der Phosphorsäure, des Zuckers und des Extractes; der Extractgehalt wird berechnet aus dem specifischen Gewichte der entgeistigten Flüssigkeit unter Zugrundelegung der Schultze'schen Tabelle.** Ich eröffne die Diskussion über diesen Antrag.

Medicus-Würzburg: M. H.! Ich möchte zunächst erklären, dass ich mit den Ausführungen des Herrn Dr. List bezüglich des Hinzutretens der Bestimmung der Phosphorsäure vollständig übereinstimme. Ich glaube nicht, dass es möglich ist, einen derartigen Süsswein auf andere Art zu prüfen. Für die Prüfung auf Rohrzucker ist die Inversion vorgeschlagen und das ist auch unbedingt nothwendig. Die Phosphorsäurebestimmung gelingt ganz leicht, wenn man die Asche mit Wasser extrahirt und nun abfiltrirt, das Filtrat aufhebt und die Kohle, die zurückbleibt, noch einmal rasch einäschert und wieder mit Wasser behandelt. Man erzielt da eine reine Asche. Es werden beim gewöhnlichen Einäschern Kohlentheile von Aschentheilchen überzogen und von der Luft nicht mehr berührt. — Dann möchte ich auch meine Zustimmung zur Art der Extractbestimmung kundgeben, sie ist kaum anders auszuführen. Man erhält bei der directen Bestimmung immer etwas abweichende Resultate, wenn man mehrmals hintereinander die Bestimmung vornimmt. Es fragt sich überhaupt, ob man nicht der Frage näher treten soll, die Extractbestimmung im Weine allgemein so auszuführen, wie sie bei der Bieruntersuchung üblich ist. Sie hat sich hier bewährt, warum also sollte sie sich nicht auch beim Weine bewähren? Ich weiss wohl, dass sehr viele Stimmen dagegen sein werden; es wird die alte Thatsache angeführt werden, dass von den Tabellen die einen bei niederer und die anderen bei höherer Temperatur bestimmt wurden. Mir ist kein Grund ersichtlich, warum es in einem Falle, beim Biere, gehen solle, und im anderen, beim Weine, nicht. Es wird allerdings diese Frage wohl für jetzt kaum weiter zur Diskussion kommen.

Halenke-Speyer: Ich schliesse mich vollständig dem Antrage an. Was die Bestimmung des Extracts anbelangt, so muss diese durch Bestimmung des specifischen Gewichtes der entgeistigten Flüssigkeit durchgeführt werden. Jeder wird das einsehen. Wenngleich ich für andere Weine die bisher ähnliche Methode nicht verlassen wissen möchte, wenn sie auch nicht ganz exacte und übereinstimmende Resultate liefert, so unterliegt es doch bezüglich der Süssweine keinem Zweifel, dass wir die indirecte Methode annehmen müssen. Was die Phosphorsäurebestimmung anbelangt, so stimme ich auch mit Herrn Dr. List überein, es hat mich sehr gefreut zu hören, dass er ihr solches Gewicht beilegte. Die Phosphorsäure wird viel zu sehr vernachlässigt, die doch in sehr vielen Fällen einen Anhaltspunkt gegeben hat. Ich habe für unsere Pfälzer Weissweine noch keinen Phosphorsäuregehalt gefunden, der sich unter 0,01 g pro 100 ccm stellte, allein schon sehr viele, die 0,02 g haben. Darum möchte ich die

Bestimmung des Phosphorsäuregehaltes nicht bloss auf Süssweine, sondern auch auf andere Weine ausgedehnt haben. Was die Glycerinbestimmung anbelangt, so stimme ich ebenfalls mit Herrn Dr. List überein. Diese ist bei Süssweinen nicht auszuführen. Ich möchte sogar vollständig absehen von der Glycerinbestimmung der Süssweine. Den Ausführungen des Herrn Referenten, die Etiquettirung betreffend, möchte ich mich nicht anschliessen, da dadurch die Händler in die Lage gesetzt würden, alle ihre Weine untersuchen lassen zu müssen und dadurch eine Vertheuerung der Weine herbeigeführt werden würde.

List-Würzburg: Ich möchte darauf erwidern, dass das auch nicht als ein Verlangen bezeichnet wurde, sondern, wenn ich mich recht erinnere, haben wir es nur als Wunsch ausgesprochen, es möchte dies bei den Medicinalweinen stattfinden, von der Ansicht ausgehend, dass der Zuckergehalt uns durchaus kein Bild von der Zusammensetzung des Weines geben kann.

Halenke-Speyer: Ich dachte, es handle sich nur um Süssweine, bei Medicinalweinen bin ich vollkommen damit einverstanden.

List-Würzburg: Was die Bedenken gegen die indirecte Bestimmung des Extracts anbelangt, so kann ich sie durch Tausende von Zahlen widerlegen, bei welchen die Uebereinstimmung eine so ausserordentlich grosse ist, wie sie bei der directen Extractbestimmung nie gefunden wird. Ich wende diese Bestimmung und die Berechnung des specifischen Gewichtes nach den Tabellen von Schultze bei allen Weinen an, und es giebt mir dieselbe eine ganz werthvolle Controle, dass weder bei der einen noch bei der anderen Bestimmung ein Fehler passirt ist, da ich das Extract auch noch durch Wägen bestimme. Diese Methode hat schon als Controllbestimmung für mich einen nicht zu unterschätzenden Werth.

Kayser-Nürnberg: Ich möchte darauf aufmerksam machen, dass es sich hier für jetzt nur um die Süssweine handelt. Es wird Aufgabe unserer Weincommission sein, die Angelegenheit weiter zu behandeln. Was die Ausführung des Herrn Dr. Halenke betrifft, so erlaube ich mir auf S. 158 unserer Vereinbarung § 5c hinzuweisen.

Hertz-Würzburg: Ich möchte Herrn Dr. List fragen, warum er nicht auch verlangt, dass der Chlorgehalt bestimmt werden soll, da doch Natriumchloridzusatz vorkommt?

Kayser-Nürnberg: Ich bitte, nur über die Gegenstände des Antrages 1. diskutiren zu wollen.

Kämmerer-Nürnberg: Ich möchte bemerken, dass die Beurtheilung des Phosphorsäuregehaltes mit grosser Vorsicht aufzunehmen ist, seit im Handel reines phosphorsaures Kalium geliefert wird und in der Bierbrauerei bereits Eingang gefunden hat, und da die Weinpantscher den Bierpantschern gewöhnlich vorauf sind in Betreff der Verwendung solcher Mittel.

List-Würzburg: Ich bin mit den Ausführungen des Herrn Vorredners vollständig einverstanden. Um ein Gesammtbild des Weines zu erhalten, brauchen wir eine bestimmte Summe von einzelnen Figuren. Was die Anfrage von Herrn Hertz anbelangt, warum ich unter den Bestimmungen die des Chlors nicht aufgeführt habe, so habe ich bei Süssweinen Chlor nicht gefunden. Der Zusatz von Natriumchlorid zu alkoholreichen Weinen erfolgt bei denen, welche man in Hamburg und England künstlich herstellt. Das Kochsalz macht sich nämlich auch durch seine specifische Wirkung auf der Zunge bemerkbar.[1])

Halenke-Speyer: Es ist ganz richtig, was Herr Professor Kaemmerer bezüglich der Phosphorsäure bemerkt hat. Es ist bekannt, dass die Weinchemiker und die Weinfälscher seit langer Zeit Gefangene spielen, es läuft der eine dem andern nach. Wenn es sich um die Phosphorsäure handelt, so werden die Fälscher phosphorsaures Kalium zusetzen. Nun, das darf uns aber nicht davon abhalten, die Phosphorsäure mitzunehmen, um ein Gesammtbild vom Weine zu haben. Ich möchte die Annahme des Antrages des Herrn Dr. List nach jeder Richtung hin empfehlen. Ich möchte nur noch bezüglich derjenigen Herren, die sich vor der Bestimmung der Phosphorsäure fürchten, die Bemerkung anknüpfen, dass dieselbe eine ganz einfache und schnelle ist. Die Asche wird mit Wasser ausgelaugt und mit Uran titrirt. Das geht sehr rasch.

Kayser-Nürnberg: Es hat sich Niemand weiter zum Worte gemeldet, ich schliesse deshalb die Diskussion. Wir kommen zur Abstimmung. Der Antrag 1. des Herrn Referenten ist einstimmig angenommen. Wir kommen jetzt zu Antrag 2. Derselbe lautet: Alle concentrirten Süssweine und Ausbruchweine haben eine Concentration zu erreichen von 40 mg P^2O^5 pro 100 ccm. Ich eröffne die Diskussion. Ich für meine Person möchte mir zu bemerken erlauben, dass ich noch einen Zusatz gewünscht hätte, der den Grad der Concentration angiebt. Es soll der Antrag doch bezwecken, dass die Phosphorsäure, welche in den Traubenextracten, die zugesetzt werden, enthalten ist, gewissermassen einen Massstab giebt für Beurtheilung der Menge dieses Zusatzes. Nun steht der Gehalt des Weines an Phosphorsäure also in einem gewissen Verhältnisse zu dem Zusatze. Es wäre ja möglich, dass zu einem Wein, der $20-25$ mg Phosphorsäure enthält, nur $5-6 \frac{0}{0}$ Traubenextract zugesetzt wurde; es könnte dann die in diesem vorhandene Phosphorsäure plus der im Wein vorhandenen die Summe von 40 mg in 100 ccm nicht erreichen.

List-Würzburg: Mein Antrag bezieht sich nur auf Weine, welche als Ausbruchweine und als concentrirte Weine aufzufassen sind. Ich habe Portwein, Sherry und trockene Medicinalweine nicht hereingezogen. Aber Sect gehört vor allem hierher, alle griechischen Secte und die von Hebron und in Kleinasien bezogenen Weine. Spanien bringt ja, ausgenommen den süssen Port und Malaga, keine Süssweine in den Handel.

Kayser-Nürnberg: Ich möchte nur wünschen, dass der Begriff: Concentrirte etc. präcisirt werde. An und für sich würde ja dieser Ausdruck sich sehr verschieden deuten lassen. Wir werden ein bestimmtes Merkmal angeben müssen, an welchem wir einen Wein als concentrirten erkennen.

---

[1]) Siehe Annalen der Hygiene 1884; E. List, der Hamburger Sherry.

List-Würzburg: Ich gestehe, die Fassung ist etwas unklar. Weine, die 3—4 $\frac{0}{0}$ Zucker enthalten, sind noch keine Süssweine, sondern solche, bei denen der Extractrest nach Abzug des Zuckers wenigstens 4 $\frac{0}{0}$ beträgt.

Kayser-Nürnberg: Es handelt sich sonach um den Gesammtzucker, sowohl ev. Rohrzucker als anderen Zucker.

List-Würzburg: Habe ich z. B. bei griechischen, etwa Achajaweinen, gefunden, dass dieselben einen Gesammtextract von 20 $\frac{0}{0}$ haben und der Zucker 15 $\frac{0}{0}$ beträgt, so ist 5 die Zahl, welche als Extractrest bleibt. Dieser, welcher 2 beträgt bei den gewöhnlichen Weinen, ist bei reinen Ausbruchweinen immer auf 4 gesteigert.

Kayser-Nürnberg: M. H.! Bei dieser Gelegenheit ist es vielleicht von Interesse, Ihnen die Resultate einiger von mir ausgeführter Untersuchungen mitzutheilen, welche sich auf das Verhältniss von Dextrose und Lävulose in zuckerreichen Weinen beziehen. Aus verschiedenen Gründen[1] sah ich von der sonst üblichen optischen Methode ab und bediente mich der von Sieben[2] angegebenen Methode zur Bestimmung der genannten Zuckerarten. Nach diesem Verfahren erhielt ich nachstehende Resultate, denen ich noch einige andere analytische Daten hinzufüge, welche die betreffenden Weine lieferten.

Die untersuchten Weine waren frei von Rohrzucker und enthielten in 100 ccm bei 15° C.:

	I	II	III	IV	V	VI
Weingeist	11,5 g	12,1 g	11,9 g	11,7 g	16,3 g	— g
Extract	15,6 =	6,5 =	25,2 =	22,3 =	15,8 =	— =
Mineralische Stoffe .	0,31 =	0,27 =	0,32 =	0,60 =	0,32 =	— =
Freie Säuren . . .	0,73 =	0,90 =	— =	0,57 =	0,42 =	— =
Gesammtzucker . .	10,6 =	2,40 =	19,5 =	16,70 =	12,0 =	1,12 =
Dextrose	2,3 =	1,1 =	8,3 =	7,70 =	4,0 =	0,34 =
Lävulose	7,3 =	1,3 =	11,2 =	9,00 =	8,0 =	0,78 =

I. Jerusalemer, weiss; II. Hebron, weiss; III. Sogenannter Tokayer; IV. Malaga, dunkler; V. Malaga, rothgoldener; VI. Xeres.

Von Interesse ist das beträchtliche Ueberwiegen der Lävulose, welches in allen Fällen mit Ausnahme von II. beobachtet wurde, wobei der Umstand zu berücksichtigen ist, dass Dextrose und Lävulose sich bekanntlich in dem Safte reifer Trauben im Verhältnisse des Invertzuckers vorfinden. Das Verhalten beider Zuckerarten der Einwirkung der Hefe gegenüber scheint sonach, trotz gegentheiliger Ansichten, kein gleichmässiges zu sein. Weitere Versuche, die ich nach dieser Richtung hin in Angriff genommen habe, werden hoffentlich etwas mehr Licht in das Capitel der sogen. elektiven Gährung bringen, über welche zur Zeit noch sich widersprechende Anschauungen vorhanden sind. Mir scheint das Ueberwiegen der Lävulose,

---

[1] Vgl. u. a. P. Degener, über den Einfluss des Bleiessigs auf das optische Verhalten einiger Nichtzuckerbestandtheile der Rübensäfte. Zeitschr. d. Vereins für Rübenzuckerindustrie des deutschen Reiches. 1885. 121.

[2] E. Sieben, ibid. August 1884, pag. 837—883.

falls es sich durch anderweitige Untersuchungen bestätigen sollte, nicht ohne Werth für die Beurtheilung der Süssweine zu sein, da ein nach beendeter Gährung des Weines geschehener Rohrzuckerzusatz dem Weine als Invertzucker erhalten bleibt. Diese Umwandlung des Rohrzuckers in Invertzucker geht übrigens sehr schnell vor sich, so dass selbst in moussirenden Weinen, deren Gesammtzuckergehalt ursprünglich Rohrzucker war, diese Zuckerart sehr selten noch vorgefunden wird.

Fresenius-Wiesbaden: Ich kann dem, was die Herren Kayser und List geäussert haben, nur zustimmem, da ich mich von der Thatsache durch zahlreiche Untersuchungen sogenannter Tokayerweine überzeugt habe, dass der Zuckergehalt dieser Weine ein ausserordentlich wechselnder ist, ebenso der Gehalt des Extractes an Nichtzucker, ich halte die Annahme von 4 g Nichtzucker in 100 ccm derartigen Wein für durchaus zulässig.

Halenke-Speyer: Auch nach meinen, wenn auch nicht sehr zahlreichen, Erfahrungen über Süssweine kann ich mich dem Antrage des Herrn Dr. List nur anschliessen. Sehr interessant war es mir, über das Verhältniss der in Süssweinen vorhandenen Zuckerarten etwas Genaues zu erfahren, wodurch die Thatsache aufgeklärt wird, dass wir in jedem reinen Süssweine stets nur eine Linksdrehung und nie eine Rechtsdrehung beobachtet haben.

Kayser-Nürnberg: Dazu möchte ich noch bemerken, dass ja die Linksdrehung eines zuckerhaltigen Weines schon durch das ausschliessliche Vorhandensein von Invertzucker bewirkt werden kann. Die sich noch in vielen Lehrbüchern vorfindende Angabe, dass der im Weine vorhandene Zucker hauptsächlich Traubenzucker sei, ist offenbar irrthümlich. — Es hat sich Niemand mehr zum Worte gemeldet, ich bringe den Antrag 2 des Herrn Referenten in folgender von ihm modificirten Form zur Abstimmung: Alle concentrirten Süssweine und Ausbruchweine, die nach Abzug des Zuckers noch 4 $\frac{0}{0}$ Extractrest und 40 mg Phosphorsäure (P^2O^5) enthalten, sind als reine Weine zu erachten.

Der Antrag ist einstimmig angenommen. Wir kommen jetzt zu Antrag 3, derselbe lautet: Alle Süssweine sind auf Rohrzucker zu prüfen und ist die Inversion durch dreistündiges Erwärmen auszuführen. Ich eröffne die Diskussion über diesen Antrag. Ich für meine Person möchte den Herrn Referenten bitten, die Art und den Grad des Erwärmens vielleicht etwas genauer angeben zu wollen.

List-Würzburg: Man hat nur eine zu hohe Temperatur zu vermeiden. Es genügt schon eine Temperatur von 30°, um den Zucker durch die vorhandene Säure zu invertiren. Ich pflege das Gefäss auf die Platte des Dampfapparates zu stellen, wobei die Temperatur der Flüssigkeit nicht über 50—60° steigt. Ich nehme zur Inversion 50 ccm Wein und 20 ccm Wasser, letzteres setze ich hinzu, um eine durch Verdunsten bewirkte grössere Concentration der Flüssigkeit zu vermeiden, da zu grosse Concentration und zu hohe Temperatur auf die Lävulose zerstörend einwirken.

Kayser-Nürnberg: Es dürfte demgemäss zweckmässig sein, nach Erwärmen: „nicht über 50—60° C." einzuschalten.

List-Würzburg: Ich stimme dem bei und habe bereits bei der Begründung meines Antrages darauf aufmerksam gemacht, dass die Erwärmung nicht über 50—60⁰ gesteigert werden darf.

Raumer-Erlangen: Ich möchte bemerken, dass wir in Erlangen auch Versuche nach dieser Richtung hin gemacht haben. Wir sind bis jetzt noch zu keinem entschiedenen Resultate gekommen. Wir haben nur wenig Salzsäure zugesetzt und bei 70⁰ zwei Stunden lang stehen lassen. Da ist nun eine Gelbfärbung eingetreten und je länger wir stehen liessen, desto mehr hat die Färbung zugenommen und die Drehung abgenommen, so dass ich nicht weiss, ob nicht auch die Temperatur von 60⁰ bei längerer Einwirkung schon einen entschiedenen Einfluss auf den Rohrzucker haben kann.

Fresenius-Wiesbaden: M. H.! Ich möchte darauf hinweisen, dass also, wie eben hervorgehoben wurde, bei der Inversion des Rohrzuckers gewiss Schwierigkeiten vorhanden sind, und dass man mit Sorgfalt vermeiden muss, hierbei eine zu hohe Temperatur zu erreichen. Ich möchte ferner noch darauf hinweisen, dass wir ja eine unter allen Umständen genaue und zuverlässige Methode haben, die nur zu zeitraubend ist, um immer ausgeführt zu werden. Es ist die Inversion des Rohrzuckers mit Hülfe von Invertin. Ich habe eine Anzahl von Untersuchungen ausgeführt, die sich auf jene Methode gründen, welche Kjeldahl[1]) vor ein paar Jahren gegeben hat und wobei sich herausgestellt hat, dass diese Methode recht schöne Resultate giebt. Man muss allerdings mit Vorsicht vorgehen und wir sind dabei auch meistentheils den Vorschlägen von Kjeldahl gefolgt. Es gehört eine gewisse Uebung dazu, die Sache richtig zu behandeln, aber ich will nur das eine bemerken, dass wir mit 100 ccm unter allen Umständen ausgereicht haben, wenn wir 1 g Hefe zugesetzt haben und bei einer Temperatur von 57⁰ etwa 24 Stunden digerirten. Ich möchte es nur als Beitrag zu der Zuckerfrage anführen. Man muss sich allerdings auf diese Methode etwas einüben, aber sie erlaubt immerhin eine Controle der Inversion. Ich glaube auch keinen Zweifel hegen zu dürfen, dass bei der gewöhnlichen Inversion mittels Salzsäure eine Temperatur von 60⁰ noch zulässig erscheint.

Kayser-Nürnberg: Es empfiehlt sich vielleicht, dem Antrage des Herrn Referenten hinzuzufügen: „In zweifelhaften Fällen ist die Invertinmethode anzuwenden."

Raumer-Erlangen: Ich möchte noch bemerken, dass eine längere Dauer des Stehens auf dem Wasserbade bei niederer Temperatur die besten Resultate liefert. Ich habe z. B. mit sechs Tropfen concentrirter Salzsäure, indem ich über der Flamme einmal aufkochen liess und dann noch fünf Minuten bei 90⁰ stehen liess, die stärksten Drehungen bekommen, während beim Erwärmen auf 70⁰ bereits nach einer Stunde ein Zurückgehen der Drehung zu bemerken war, so dass ich glaube, dass gerade die längere Einwirkung auch bei Temperaturen von 60—70⁰ zerstörend auf den Zucker wirkt.

Kayser-Nürnberg: Es ist übrigens nicht ganz das Gleiche, ob man mit einer reinen Rohrzuckerlösung arbeitet oder mit Wein, der

---

[1]) Zeitschrift für analytische Chemie **22.** 588. R. Fresenius, Anleitung zur quantitativen chem. Analyse. 6. Aufl. Bd. II. 611.

solchen enthält. Ein grosser Theil von Salzsäure wird gebunden werden und es bleibt nur eine geringe Menge der Salzsäure frei. 1 ccm Norm Salzsäure enthält ja nur 0,036 g Chlorwasserstoff. Ich glaube, dass die erhobenen Bedenken nicht so grosse sind, als dass man von der Temperatur 50—60 ° abgehen müsste.

Raumer-Erlangen: Ich fürchte, dass eine Inversionsdauer von zwei Stunden schon eine zu lange ist, da bei längerer Einwirkung auch schon verdünnte Säuren und bei niederer Temperatur zerstörend einwirken können. Höhere Temperaturen beeinflussen den Rohrzucker nicht, wenn er ihnen nur kurze Zeit ausgesetzt wird. Ich habe die besten Resultate erhalten, wenn ich fünf Minuten lang bei 90—100 ° erwärmte.

Kayser-Nürnberg: M. H.! Bei der Inversion des Rohrzuckers giebt es eine ganze Anzahl von Factoren, die in Betracht kommt, so z. B. die Concentration der Zuckerlösung u. a. Da es aber für uns in erster Linie darauf ankommen muss, gleichmässige Resultate bei Vermeidung grösserer Fehlerquellen zu erhalten, so scheint mir der Antrag des Herrn Referenten unserem Bedürfnisse zu entsprechen, besonders wenn wir noch den Zusatzantrag des Herrn Fresenius hinzufügen.

Hertz-Würzburg: Da die Polarisationsverhältnisse von der invertirten Lösung abhängen, so muss wohl festgehalten werden, dass nicht bloss die Concentration der Lösung, sondern auch die Form des Gefässes in Betracht gezogen wird. Ich habe von Herrn Dr. List gehört, dass er zu 50 Theilen Wein 20 Theile Wasser zusetzt. Es kann doch diese Wassermenge nicht in der angegebenen Zeit verdunsten.

Halenke-Speyer: Es scheint mir, dass die Erfahrungen über die Inversionsverhältnisse sehr verschiedenartige sind, und bitte ich daher, den Antrag des Herrn Dr. List nur allgemein zu fassen und ihn auf die specielle Art der Inversion nicht auszudehnen.

List-Würzburg: Meine Absicht war lediglich die, zu warnen vor einem zu grossen Zusatz von Säure und vor einem zu starken Erwärmen.

Kayser-Nürnberg: M. H.! Es ist wohl nur die Art der Inversion anzugeben. Zum Schluss können wir noch hinweisen auf die Möglichkeit einer Controlbestimmung durch Invertin (Antrag Fresenius). Dann haben wir alles, was wir brauchen, und sind über die Schwierigkeiten hinweg, d. h. falls der Herr Referent damit einverstanden ist. Der Antrag würde dann lauten: „Alle Süssweine sind auf Rohrzucker zu prüfen und ist die Inversion mittels Salzsäure vorzunehmen." Der Kern der Sache ist ja nur der, dass die Süssweine auf Rohrzucker zu prüfen sind und dass die Inversion mit Salzsäure vorzunehmen ist. (Antrag angenommen.)

Ich stelle jetzt das Amendement des Herrn Fresenius zur Diskussion, welches lautet: „Sollte sich bei der Inversionsmethode mittels Chlorwasserstoffsäure ein Zweifel ergeben, so bildet die Invertinmethode ein geeignetes Mittel zur Controlle."

Halenke-Speyer: Ich möchte doch fragen, was heisst das: „Sollte sich ein Zweifel ergeben?" Ich würde vorschlagen, die zweite Methode zu gleicher Zeit zu empfehlen.

Kayser-Nürnberg: Ich glaube, das wird auch in der Intention des Herrn Fresenius liegen. Es würde dann heissen: Die Invertin methode bietet ein geeignetes Mittel zur Controle der Inversionsmethode mittels Chlorwasserstoffsäure. (Einstimmig angenommen.)

List-Würzburg: An die anwesenden Herren Vertreter der Medicin möchte ich nun noch die Anfrage stellen: Welche Weine kann der Chemiker als Medicinalweine anerkennen? Welche Ansprüche macht der Arzt an einen Wein, der als Medicinalwein dient? Es wurde mir die Aufgabe gestellt, diese Frage zu beantworten, allein ich war nicht im Stande, dies zu thun.

Medicinalrath Egger-Bayreuth: M. H.! Ich glaube, dass ich mich direct an den Schlusssatz des Herrn Referenten anschliessen darf. Ich kann die Frage auch nicht beantworten. Auf dem gleichen Standpunkte werden die anderen Herren Fachgenossen auch stehen. Denn was Medicinalweine sind und wie weit der Begriff derselben geht, wird kaum zu definiren sein. Wir sehen sogar Weine als Medicinalweine angekündigt, die man vielleicht auf andere Weise nicht an den Mann gebracht hätte. Was wir aber vom ärztlichen Standpunkte aus darauf antworten sollen, darüber wird erst die Zukunft Aufschluss geben. Für den Augenblick sind wir die an uns gestellte Frage nicht im Stande zu beantworten.

Kayser-Nürnberg: Ich möchte doch noch auf den Umstand aufmerksam machen, dass der Xeres besonders beliebt für medicinische Zwecke ist, ein Wein, der sehr oft diese Werthschätzung nicht verdient, da er nur zu oft ein Artefact ist.

Fischer-Berlin: Ich möchte mittheilen, dass überhaupt bei Medicinalweinen ein ganz bedeutender Glycerinzusatz gemacht zu werden pflegt, da nun die Ansichten über Glycerin ganz ausserordentlich auseinander gehen und das Glycerin als bedenkliches Nahrungsmittel erkannt worden ist, so muss unbedingt in solchen Fällen angegeben werden, dass ein Zusatz von Glycerin gemacht worden ist, ich bedauere sehr, nicht in der Lage zu sein, anzugeben, ob dieser Zusatz in der Pharmacopöe bei Pepsin oder Chinawein vorgeschrieben ist.

Regierungsrath Sell-Berlin: Ich bitte den Herrn Dr. Fischer, über diese Angelegenheit doch genauere Angaben zu machen.

Fischer-Berlin: Ich bin augenblicklich nicht in der Lage, das thun zu können.

Kayser-Nürnberg: Die Angaben des Herrn Dr. Fischer scheinen mir denn doch sehr der Bestätigung zu bedürfen, mir ist wenigstens davon auch nicht das mindeste bekannt geworden.

Obermedicinalrath von Kerschensteiner-München: Ich wollte mir nur die Bemerkung erlauben, dass man in der Pharmacopöecommission auf den Rath der Chemiker hin den Sherrywein als den empfehlenswerthesten herausgesucht hat. Es waren verschiedene Sorten vorgeschlagen, und da haben gerade die Herren Chemiker den Sherry als den chemisch reinsten hingestellt. Ich wollte hiermit nur hervorheben, dass er nicht auf den Rath der Aerzte allein aufgenommen worden ist. An einen Medicinalwein stellen wir die Anforderung 1) dass er gut schmeckt, denn sonst nehmen ihn die Leute nicht, und 2) dass er hilft, denn sonst kommen wir in Misscredit. Wir nehmen die Arzneimittel ja auch nur dann, wenn wir einige Erfahrung besitzen, dass sie gegen etwas helfen. Nun, die Medicinalweine sollen gegen die Schwäche helfen, und wir sind sehr gerne bereit, **den** Wein zu nehmen und in die Pharmacopöe aufzunehmen, welcher uns vom Chemiker als der zuverlässigste und beste empfohlen werden wird. Ich möchte hierbei den Wunsch aussprechen, es möchten sich die Herren Chemiker der Bayerischen Vereinigung mit dem Gegenstande befassen, damit bei Gelegenheit einer dritten Auflage der Pharmacopöe eine Entscheidung getroffen werden kann. Wir Aerzte sind bei Empfehlung von Medicinalweinen immer in Verlegenheit. Ich komme auf noch einen Punkt. Wir Aerzte möchten hauptsächlich die inländischen Weine empfehlen. Ich kann die Versicherung geben, dass ich fast nie einen ausländischen Wein empfehle. Ich habe gegen jeden ausländischen Wein ein sehr grosses Misstrauen. Ich empfehle für meine Person nur Weine, die ich selber kenne. Ich rathe meinen Patienten: Da gehen Sie in dieses oder jenes Weinhaus (das ich kenne), da bekommen Sie einen guten Wein und den trinken Sie. Aerztlicherseits ist man dann in viel sicherer Lage. Ich bin der Meinung, wir Aerzte sollen das Unserige thun, um unsere inländischen Weine zum Gebrauch zu empfehlen, und zwar in einem viel grösseren Maasse, als dies bisher der Fall war. Ich weiss z. B. keinen Ersatz für ein gutes Glas Rheinwein, das steht mir viel höher als alle anderen Weine. Man hat aber hier mit einem ganz grossen Feinde in der ärztlichen Praxis zu kämpfen, und das ist die gänzliche Unkenntniss des Publikums der Weine. Man stösst nicht leicht auf viele Menschen, die Wein kennen und verstehen. Je miserabler er ist, desto glücklicher sind die Leute, wenn er nur irgend ein marcantes Zeichen hat. Wenn man ihnen einen Wein empfiehlt von deutschem Boden, so heisst es: Ja, er ist halt doch sauer. Wir müssen also irgend etwas haben, was die Leute und besonders die Kinder auch gerne annehmen, und aus dem Grunde müssen wir einen südlichen Wein haben, von dem man einigermassen die Ueberzeugung hat, dass es ein Naturproduct ist. Ich möchte nun noch den Wunsch anregen, den auch Dr. List ausgesprochen hat, dass wir Aerzte alles thun sollen, um unsere inländischen Weine den Kranken recht warm zu empfehlen.

Fresenius-Wiesbaden: Ich wollte nur noch darauf hinweisen, dass der Sherrywein derjenige ist, welcher in der Regel am allermeisten Schwefelsäure enthält, weil er fast stets gegypst ist. Man kann beim Sherrywein darauf rechnen, dass sein Schwefelsäuregehalt über die gewöhnliche Grenze hinausgeht, und daher erscheint das Bedenken des Herrn Kayser, wenigstens was die Verwendung des Sherry als Krankenwein betrifft, vollständig gerechtfertigt. Bezüglich der Frage, warum man unsere einheimischen Weine nicht an Stelle der ausländischen setzt, möchte ich darauf hinweisen, dass die Südweine das Privilegium zu haben scheinen, mit Alkohol versetzt verkauft werden zu dürfen, was bei unsern einheimischen Weinen nicht gestattet ist.

K a y s e r - Nürnberg: Ich glaube, dass durch die Diskussion das erreicht ist, was zu erreichen war, nämlich dass der augenblickliche Stand der Angelegenheit klar gestellt wurde.

Da sich Niemand weiter zum Worte gemeldet hat und kein den diskutirten Gegenstand betreffender Antrag vorliegt, so gehen wir zu Punkt 5 unserer heutigen Tagesordnung über, ich ertheile Herrn H e r t z hierzu das Wort.

Neue Methoden zur Erkennung künstlich gefärbter Rothweine

von J o s e p h H e r t z - Würzburg.

Nach den „Vereinbarungen" der freien Vereinigung wird bei der Prüfung der Rothweine auf fremde Farben lediglich auf Theerfarben Rücksicht genommen, und sogar hier sehen wir, dass fast ausschliesslich, oder wenigstens mit einer gewissen Vorliebe, von den Chemikern nach dem gewöhnlichen Fuchsin gefahndet wird, obwohl dies verhältnissmässig selten mehr zum Weinfärben Verwendung findet. Gerade weil stets auf Fuchsin geprüft wird, haben die Weinschmierer sich auf andere Farben geworfen, die der Chemiker nicht sucht, oder die er überhaupt nicht nachweisen kann. Ich betrachte es aber als unsere Pflicht, gerade in dieser Beziehung ein wachsames Auge zu haben. Der natürliche Rothweinfarbstoff färbt so ausgiebig, dass man mit ziemlicher Sicherheit annehmen kann, jeder künstlich g e f ä r b t e Wein sei auch noch s o n s t w i e in irgend einer Weise g e s c h m i e r t.

Methoden zur Untersuchung künstlich gefärbter Weine haben wir in grosser Auswahl, nur schade, dass wir uns bei Controlproben fast stets von ihrer Unzuverlässigkeit überzeugen müssen. Es sei mir gestattet, in Kürze hier mitzutheilen, in welcher Weise an der kgl. U n t e r s u c h u n g s - a n s t a l t W ü r z b u r g die Vorprüfung der Rothweine auf fremde Farben vorgenommen wird.

30—50 ccm Wein werden in einer Porzellanschale mit ca. 20 bis 30 ccm einer gesättigten Magnesiumsulfatlösung mit dem Glasstabe gemischt, ca. 10—20 ccm Aetznatronlauge unter tüchtigem Umrühren hinzugefügt und etwa 5 ccm Flüssigkeit von dem ausgeschiedenen Magnesiumhydroxyd, dass alle natürlichen und künstlichen Weinfarbstoffe ausser den Sulfosäuren enthält, abfiltrirt. Sollte das Filtrat noch nicht farblos oder wenigstens gelbroth sein, so ist es nöthig, noch einmal Bittersalzlösung event. Natronlauge hinzuzufügen. Man arbeitet mit concentrirten Lösungen, um die Flüssigkeit durch die Reagentien nicht zu sehr zu verdünnen; handelt es sich um den Nachweis sehr geringer Mengen von Farben, so wird man natürlich 100 ccm oder mehr Wein auf etwa 30 ccm auf dem Wasserbade eindampfen, ehe die Bittersalzlösung hinzugemischt wird.

Das wasserhelle oder gelbliche Filtrat wird im Reagircylinder mit verdünnter Schwefelsäure (1 : 3) übersättigt, wobei bei Gegenwart rother Farbstoffe, welche Sulfosäuren sind, die ursprüngliche rothe Färbung wieder auftritt. S ä u r e f u c h s i n (Fuchsin S. Rosanilinsulfosäure) ist aus dieser Gruppe am verbreitetsten und lässt sich so sehr bequem von natürlichem Rothweinfarbstoff, gewöhnlichem Fuchsin und anderen Farbstoffen trennen; das angesäuerte Filtrat wird violettroth, und durch Vergleiche mit Säurefuchsinlösungen von bekanntem Gehalte kann man dasselbe quantitativ ziemlich genau schätzen. In 30 ccm Wein, der 1 mg Säurefuchsin im Liter enthält, lässt sich dasselbe noch deutlich nachweisen, ohne dass der Wein zuvor durch Eindampfen concentrirt wird.

Ist das Filtrat blau, d. h. wenn der Wein gleichzeitig mit Orseille gefärbt ist, so nimmt es auf Zusatz von Säure eine lakmusrothe Farbe an, welche die Fuchsinfarbe verdeckt; in diesem Falle ist es nothwendig, zur Erkennung des Säurefuchsins die von Blarez[1]) gefundene Methode, Schütteln. mit Bleisuperoxyd und Filtriren, anzuwenden, wodurch der Orseillefarbstoff, wie auch der natürliche Rothweinfarbstoff zerstört und bei Gegenwart von Säurefuchsin ein violettrothes Filtrat erhalten wird. Die Anwendung dieser Methode empfiehlt sich ihrer Bequemlichkeit halber stets dann, wenn nur auf Säurefuchsin zu prüfen ist, während ich die von Cazeneuve[2]) mitgetheilten Methoden nicht empfehlen kann.

Zur weiteren Prüfung auf andere Farbstoffe wartet man nicht ab, bis alle Flüssigkeit vom Magnesiumhydroxyd abfiltrirt ist, sondern giesst die ganze gelatinöse Masse in ein hohes Becherglas, das etwa 400 ccm heisses Wasser enthält, rührt um, lässt absetzen, hebt die Flüssigkeit ab und bringt den Bodensatz auf ein Filter (mit Saugvorrichtung). Nun giebt man den feuchten Brei (mit oder ohne Filter) wieder in die zuerst verwendete Porzellanschale zurück, setzt etwas Sand zu und trocknet unter fleissigem Umrühren auf dem Wasserbade ein. Durch Extraction des alkalischen Trockenrückstandes mit Aether entfernt man das gewöhnliche Fuchsin, das sich durch Verdampfen des Aetherauszuges in einer weissen Porzellanschale in bekannter Weise mit Wollenfäden deutlich nachweisen lässt. Ebenso bekommt man bei dieser Aetherbehandlung einen Farbstoff in Lösung, wenn der Wein mit „Cassissine"[3]) gefärbt war. Wolle wird aber dadurch rothbraun und der Rückstand in der Schale gelbbraun gefärbt. Mit starker Salzzäure wird die Wolle gelb, mit starkem Ammoniak farblos.

Bei reinem oder mit Heidelbeeren gefärbtem Weine ist das alkalische Filtrat, das oben erhalten wurde, resp. die mit heissem Wasser verdünnte, über dem Magnesiumhydroxyd stehende Flüssigkeit etwas gelbbraun, bei Orseille, wie schon erwähnt, dunkelviolett: bei Anwesenheit von Ponceau ist es zwiebel-(ponceau-)roth, von Cassissine schwachroth bis dunkelgelb, von Vinicoline Bordelaise[4]) gelbroth bis gelbbraun; letzteres Filtrat bildet auf Schwefelsäure geschichtet eine violette Zone. Schüttelt man diese gefärbten wässrigen Flüssigkeiten mit Amylalkohol aus, so entsteht bei Ponceau ein zwiebelrother, bei Vinicoline ein dunkelbrauner, gegen Reagentien beständiger Rückstand, während dieser bei Cassissine schmutzig-grün, am Rande violett ist und durch starke Salzsäure lebhaft gelbbraun wird. Das Magnesiumhydroxyd hat bei reinen

[1]) Chem.-Ztg. Repert. 1886. **10**, 101. Bull. Soc. Chim. 1886. **45**, 419.
[2]) Chem.-Ztg. Repert. 1886. **10**, 73. Journ. Pharm. Chim. 1886. **13**, 260.
[3]) Chem.-Ztg. 1885. **9**, 1156.
[4]) Chem.-Ztg. 1885, **9**, 1156.

oder mit Pflanzenfarben versetzten Rothweinen eine dunkelgraue oder bräunlichgraue Farbe; bei Gegenwart von Orseille ist es violett, Fuchsin und Fuchsin S schmutzigweiss, Cassissine schmutzig gelbbraun, Vinicoline carmoisinroth.

Nach der Extraction mit Aether (zur Prüfung auf Fuchsin) wird der Rückstand mit verdünnter Schwefelsäure aufgenommen, aber vor der völligen Uebersättigung filtrirt, damit keine überschüssige Säure vorhanden ist; da der Rückstand beim Trocknen Kohlensäure angezogen hat, braust er lebhaft beim Säurezusatz. Schüttelt man dieses Filtrat mit Amylalkohol aus, so bekommt man auch bei reinen Rothweinen braune Rückstände, welche die Erkennung künstlich zugesetzter Farben unmöglich machen. Deshalb verwendet man dieses Filtrat nur mehr zu Prüfung auf natürliche Pflanzenfarben, und auch hier ist es besser, mit dem ursprünglichen Weine zu arbeiten.

Schüttelt man den Wein mit Amylalkohol (in einem Reagircylinder) und verdunstet den gefärbten Auszug, nachdem er sich geklärt hat, in einer Porzellanschale, so ist der Rückstand bei Gegenwart von

	mit conc. Schwefelsäure	conc. Salzsäure	Natronlauge
Orseille	violettroth	blau	roth	blau
Bordeaux B	carmin	carmin	carmin	carmin
Ponceau RRR	dunkelroth	carmois.	carmois.	braun
Cassissine	violettpurpur	gelb	gelbbraun	roth
Vinicoline Bordelaise .	kirschroth	braun	roth	braun.

Der Bordeaufarbstoff selbst (trockenes Pulver) löst sich bekanntlich in conc. Schwefelsäure violett, die eingetrocknete wässrige Lösung aber carmoisin, mit HCl violettbraun, später violett werdend, in NaOH rothbraun. Ponceau (rein und in eingetrockneter wässriger Lösung) wird mit conc. Schwefelsäure zinnoberroth, ebenso mit Natronlauge, mit Salzsäure mennigroth. Der ausgeschüttelte Wein selbst verändert seine Farbe bei Gegenwart von Fuchsin in kirschroth, Fuchsin S in violettroth, Bordeaux in dunkelkirsch, Ponceau in gelbroth. Fuchsinweine fallen bekanntlich schon durch ihren violetten Schaum auf.

Auf die angegebene Weise ist es nun ermöglicht, im Weine verschiedene Theerfarben nebeneinander, sowie neben natürlichen Pflanzenfarben nachzuweisen. Von einer Prüfung auf letztere wird der Chemiker, im Hinblick auf die Unzuverlässigkeit der Methoden, in der Regel Abstand nehmen, umsomehr, wenn es sich darum handelt, die Gegenwart solcher Farben neben natürlichem Rothweinfarbstoff zu constatiren. Es fehlt freilich nicht an diesbezüglicher Literatur; besonders war Armand Gautier[1] in dieser Beziehung unermüdlich thätig; seine Zusammenstellungen versprechen so sichere Resultate, wie die Angaben Vogels[2]), der auf spectralanalytischem Wege alle Zweifel zu lösen verspricht.

---

[1]) Sophistication des vins. Paris 1884. 3. Auflage. Vergl. auch Girard, documents sur les falsifications des matières alimentaires et sur les travaux du laboratoire municipal. 1882. Seite 114. 1885. Seite 156. Deutsch in Medicus, Nahrungs- und Genussmittel, Würzburg 1881, Seite 84, und Arch. d. Pharm. 1876. **209**, 486.

[2]) Praktische Spectralanalyse. Nördlingen 1877. Seite 291.

Uffelmann[1]) hat diese Methode wesentlich gefördert, aber schon seine Abbildungen und noch mehr die Controlversuche in der Praxis lassen die Unmöglichkeit erkennen, auf diese Weise Heidelbeerfarbstoff neben Rothweinfarbstoff nachzuweisen. Uebrigens scheint Uffelmann nur mit frischem Heidelbeersaft gearbeitet zu haben. (Seite 466.)

Wir haben doch allen Grund, anzunehmen, dass bei uns, ebenso wie im Auslande, Rothweine mit Pflanzenfarben künstlich gefärbt oder wenigstens aufgefärbt werden. Kaum wird man aber einmal von gerichtlichen Verhandlungen hören, in denen der wissenschaftliche Nachweis solcher Farben mit Sicherheit geführt worden wäre. Wer sich praktisch mit so undankbaren und verantwortungsvollen Arbeiten beschäftigen muss, überzeugt sich bald, dass sich aus der Fülle der mitgetheilten Angaben keine zuverlässigen Schlüsse ziehen lassen; auch die Spectralanalyse ist heutzutage noch nicht im Stande, uns hierin Klarheit zu verschaffen, obwohl zu erwarten steht, dass sie in Zukunft für die Weinanalyse eine grössere Wichtigkeit erlangen wird, wenn erst Praktiker sich mehr damit beschäftigt haben.

Die Unterscheidung der beiden Farbstoffe, die in den Heidelbeeren und in der Weintraube enthalten sind, hat von jeher das Interesse der Analytiker erregt. Während die Einen[2]) sichere Reactionen angeben, welche die Unterscheidung und Erkennung beider Farbstoffe ausser Zweifel setzen, beweist Andrée[3]) die Identität der beiden Farbstoffe, also die Unmöglichkeit, sie zu unterscheiden. Medicus[4]) hat durch seine Untersuchungen über den Mangangehalt der Heidelbeeren Aussichten eröffnet, einen Heidelbeerzusatz durch Manganbestimmung ermitteln zu können. Ehe aber die Grenzen erkannt sind, zwischen denen der Mangangehalt reiner Weiner der verschiedensten Lagen schwanken kann, gestattet auch diese Methode keine sicheren Anhaltspunkte, ebenso wie der Nachweis von Citronensäure, den Gautier[5]) und Andrée so warm empfehlen.

Auch zahlreiche, von mir angestellte, zeitraubende Versuche, die beiden genannten Farbstoffe unter sich und von anderen ähnlichen zu unterscheiden, entsprachen nicht den gehegten Erwartungen, bis ich schliesslich auf ein neues Reagens verfiel, das meines Wissens hier zum ersten Male in die Weinanalyse eingeführt wird. Nachdem schon seit alten Zeiten bekannt ist[6]), welche Farbenveränderungen der Brechweinstein in Mischungen mit Pflanzensäften hervorruft, muss man sich eigentlich darüber wundern, dass noch Niemand Versuche gemacht hat, den Brechweinstein als Reagens auf Farbstoffe zu versuchen*). In der That erweist er sich als ein sehr werthvolles Mittel, nicht nur um künstlich roth-

---

[1]) Arch. f. Hygiene 1883. **1**, 443.

[2]) Vor Allen Gautier, l. c. Dietrich, Arch. f. Pharm. 1874. **205**, 463. Vogel, Berliner Berichte 1876. **9**, 1906. Stein, Dingl. polyt. Journ. 1877. **224**, 329 u. 533. Hilger, Arch. f. Pharm. 1876. **209**, 481, und Andere.

[3]) Arch. f. Pharm. 1880. **216**, 90.

[4]) Rep. f. anal. Chem. 1885. **5**, 63. Chem.-Ztg. 1885, **9**, 678.

[5]) Arch. f. Pharm. 1876. **209**, 525.

[6]) Hager, Commentar z. Pharm. Germ. edit. alt. Bd. II. S. 697.

*) Anm. der Redaction dieses Berichtes. Brechweinstein ist für diesen Zweck auch schon von Ambühl vorgeschlagen worden. Vergl. Elsner's Praxis des Nahrungsmittelchemikers. II. Aufl. 1882. 115. III. Aufl. 1885. 171.

gefärbte Weissweine, sondern auch künstlich aufgefärbte Rothweine zu erkennen. Die Reaction ist sehr einfach; im Reagircylinder werden etwa
10—15 ccm des zu prüfenden Weines mit ca. 5 ccm einer conc. Brech-
weinsteinlösung geschüttelt und dann im auffallenden und durchfallenden
Lichte betrachtet. Tritt nicht sogleich eine Farbenveränderung ein, so
stellt man einige Stunden oder über Nacht bei Seite, wobei sich ein
gefärbter flockiger Niederschlag abscheidet. Echte Rothweine der verschiedensten Herkunft nehmen dadurch lediglich eine kirschrothe Farbe
an, während fast alle andern versuchten rothen Pflanzenfarben die mannig-
fachsten Nüancen von violett ergaben. Die Versuche wurden gemacht
mit Weissweinen, denen künstlich die Farbe eines Rothweines gegeben
wurde, andererseits aber auch mit Rothweinen, die mit 10—20 Procent
dieser künstlich gefärbten Weine verschnitten wurden. Andrée meint,
eine Erkennung von Heidelbeerzusatz werde überhaupt nur durch die
veränderten Verhältnisse zwischen der Alkohol- und Gerbsäuremenge ermöglicht, die durch den Zusatz einer alkoholischen Farbstofflösung ge-
schaffen werden. Wenn dieser Umstand vielleicht auch Berücksichtigung
verdient, so kann er doch bei der angegebenen Verdünnung kaum mehr
in Betracht kommen.

Es werden durch Brechweinstein gefärbt:

Rothwein, echt . . . . kirschroth.
Klatschrosen (Papav. Rhoeas) . . . . . dunkelkirschroth.
Kirschen . . . . violett.
Fliederfarbstoff (Sambucus), käuflich . . rothviolett.
Heidelbeeren (Vaccin. Myrtill.) . . . . blauviolett.
Ligusterbeeren . . . . rein violett.

Mit 90 Procent Rothwein sind diese Farben natürlich weniger intensiv,
aber nach längerem Stehen und durch Vergleichen mit reinem Rothwein
noch sicher zu erkennen. Es war mir nicht möglich, Fliederbeeren zu
bekommen, um aus diesen selbst den Farbstoff auszuziehen. Wenn die
käufliche Fliederfarbe aber wirklich rein ist, so lässt sie sich durch Behandeln des Weins mit doppelt kohlensaurem Natron von der Heidelbeer-
farbe unterscheiden. Der so gefärbte Wein wird dadurch grauviolett,
mit Heidelbeeren gefärbter braungrün, reiner Rothwein braunroth. Alte
Lösungen des Ligusterfarbstoffes geben die angegebene schöne Reaction
nicht mehr.

Ich werde meine Beobachtungen für die Zukunft auch auf andere
Farbstoffe ausdehnen, Malven, Kermesbeeren, Alcanna, Blauholz etc. Man
wird mir vielleicht einwenden, dass die von mir den Weinen absichtlich
zugesetzten Farbstoffe nicht mitvergohren haben; ich werde auch diese
Versuche nachholen. Andrée[1]) behauptet indess, dass ein 10procentiger
Spiritusauszug vorjähriger getrockneter Heidelbeeren sich genau wie älterer
Wein verhält. Wenn Andrée durch Behandlung des Bleiniederschlages
mit Schwefelwasserstoff etc. einen Farbstoff erhielt, der in beiden Fällen

---

[1]) Arch. f. Pharm. 1880. **216**, 100.

identisch war, so beweist das noch immer nicht, dass die Farbstoffe v o r einer so eingreifenden chemischen Behandlung trotzdem verschieden sind. Die Grundlage aller oder doch der meisten rothen und blauen Pflanzenfarben wird ja wohl dieselbe sein; uns beschäftigen aber die M o d i f i c a t i o n e n derselben, die in den verschiedenen Pflanzen eben auch verschieden auftreten und durch unseren Gesichtssinn schon verschieden empfunden werden. In wie weit A n d r é e's Vermuthung richtig ist, dass nur die Art und Menge der gleichzeitig anwesenden Säuren, resp. ihr Verhältniss zur vorhandenen Farbstoffmenge solche Verschiedenheiten bedingen, werden spätere Versuche aufklären.

Der Brechweinstein scheint mit den Farben eine Art Antimonlack zu bilden, der es uns vielleicht gestatten wird, Einblicke in die Natur dieser Farbstoffe zu gewinnen. Wenn wenig Wein zur Verfügung steht, kann man die Brechweinsteinreaction auch mit der n e u t r a l e n Magnesiumsulfatlösung des Trockenrückstandes vornehmen, der von der Fuchsinprüfung übrig blieb; wenn die Lösung aber zu sauer oder zu alkalisch ist, fallen lediglich Antimonverbindungen ohne Farbstoff nieder.

Nach meinem Dafürhalten sollte die Brechweinsteinreaction bei jedem Rothweine vorgenommen werden. Wenn auch nicht immer bestimmt nachgewiesen werden kann, mit welcher Pflanzenfarbe ein Wein gefärbt ist, so wird man doch auf eine Spur geleitet, die man mit anderen Reagentien weiter verfolgen kann. Wenn nicht bewiesen wird, dass irgend ein natürlicher, vielleicht aus Färbertrauben bereiteter Rothwein mit Brechweinstein sich violett trübt, muss diese Reaction wenigstens als Beweis dafür gelten, dass der Wein kein natürlicher Rothwein ist.

Bei einiger Uebung ist man in der Lage, in 30—50 ccm Wein, auch bei Gegenwart von natürlichem Rothweinfarbstoff, alle die erwähnten Theer- und Pflanzenfarbstoffe nebeneinander nachzuweisen, wie mir Versuche bestätigten, bei denen Professor M e d i c u s stets zur Probe gleichzeitig mehrere Farben entweder Weiss- oder Rothweinen beimengte. Ich weiss selber recht wohl, dass die Methode noch verbesserungsfähig und wohl auch zu vereinfachen ist, möchte bei dieser Gelegenheit aber Sie Alle einladen, sich mit mir in diese Arbeit zu theilen!

K a y s e r - Nürnberg: M. H.! Es erscheint wohl nicht angemessen, zu den vom Herrn Referenten gemachten schätzenswerthen Mittheilungen in Form einer Resolution oder anderweitiger Beschlussfassung Stellung zu nehmen. Es erscheint wohl zweckmässiger, dieses Gebiet, insbesondere soweit vegetabilische Farbstoffe in Frage kommen, einstweilen noch weiteren Studien zu unterziehen. Ich glaube nicht, dass eine weitere Diskussion des Gegenstandes Sie zu einem anderen Schlusse führen würde, als ich ihn eben angedeutet habe. Da kein Widerspruch erfolgt ist und sich Niemand weiter zum Worte gemeldet hat, so darf ich wohl annehmen, dass Sie die von mir ausgesprochene Auffassung theilen. Wir kommen jetzt zu Punkt 6. unserer heutigen Tagesordnung.

Ueber Methoden zur Prüfung des Wassers für technische Zwecke

von Dr. Hermann Kaemmerer,
Professor der Chemie an der K. Industrieschule in Nürnberg.

Die Arten der Prüfung des Wassers auf seine Brauchbarkeit zu technischen Zwecken gestalten sich wegen der überaus mannigfachen Verwendungen des Wassers in der Industrie sehr verschiedenartig, doch veranlasst die Verwendung des Wassers zum Speisen von Dampfkesseln wohl in der überwiegenden Mehrzahl der Fälle die chemische Untersuchung desselben und beschränke ich mich deshalb darauf, Methoden zur Untersuchung des Wassers zu besprechen, welche seine Brauchbarkeit zu gedachtem Zwecke überhaupt und, was häufig vorkommt, die Qualität mehrerer Wässer vergleichend feststellen sollen, wie bei Neuanlage von industriellen Etablissements, wenn verschiedene Bohrlöcher an verschiedenen Stellen des Areales oder in verschiedener Tiefe gegraben werden, um zu eruiren, wo genügende Mengen Wassers und wo dieses von der gewünschten Qualität zu finden ist.

Für die Beurtheilung des Werthes eines Wassers zum Speisen von Dampfkesseln erscheinen fast ausschliesslich von Bedeutung die Menge der im Wasser enthaltenen Kesselstein bildenden Substanzen und ein etwaiger Gehalt an Magnesiumchlorid und Magnesiumnitrat, durch deren Zersetzung Salzsäure, Salpetersäure oder, als Zersetzungsprodukte beider, Chlor und Stickoxyd frei werden und die Kesselwände corrodiren können.

In der mir zugänglichen Literatur konnte ich spezielle Methoden zur Bestimmung der Kesselstein bildenden Substanzen nicht auffinden und ebensowenig wurden meines Wissens bis jetzt Methoden zur Untersuchung des Wassers auf seine Fähigkeit, Metalle zu corrodiren, bekannt gegeben.

Zu den Kesselstein bildenden Substanzen zählen alle Bestandtheile des Wassers, welche sich bei starker Concentration durch Kochen aus demselben in fester Form abscheiden, und ist die Zahl derselben eine sehr grosse. Die Hauptmasse der Kesselsteine aber besteht aus den Carbonaten des Calciums und Magnesiums und aus Calciumsulfat, während in geringerer Menge sich die Carbonate von Mangan und Eisen, respective Zersetzungsprodukte derselben, Aluminium und Phosphorsäure, ferner Kieselsäure, organische Stoffe und die im Wasser suspendirten Stoffe, ja sogar Alkalimetalle, diese in Form von Mischcarbonaten und Mischphosphaten und wahrscheinlich noch anderer Verbindungen sich darin finden.

Auf den ersten Blick erscheint die Bestimmung aller dieser in einem Wasser enthaltenen Substanzen nur durch eine sehr eingehende quantitative Analyse möglich. Bei näherer Betrachtung ergiebt sich aber, dass selbst die subtilste Analyse eines Wassers die gewünschten Aufschlüsse darüber, welche seiner Bestandtheile und wie viel davon in den Kesselstein eingehen werden, nicht zu bieten vermag, da insbesondere die Quantität der mit den Carbonaten und dem Calciumsulfat fallenden organischen Substanzen sich jeder Schätzung entzieht, ferner durch Berechnung aus den Resultaten der quantitativen Analyse die Mengen von

5*

Kieselsäure, Alkalien und anderer Bestandtheile, welche in unlösliche Formen beim Einkochen übergehen, sich nicht bestimmen lassen.

Der sicherste Weg zur Ermittelung der im Wasser enthaltenen Mengen Kesselstein bildender Substanzen scheint mir aus diesen Gründen darin zu bestehen, dass man diese direkt durch Wägung bestimmt und zwar durch gesonderte Bestimmungen der sich beim Kochen ausscheidenden Substanzen einerseits und des in Lösung bleibenden Calciumsulfates andererseits.

Die Bestimmung der sich beim Kochen ausscheidenden Substanzen kann durch Eindampfen bis auf ein kleines Volum, Filtriren des Niederschlages auf einem bei 110° getrockneten Filter, Auswaschen desselben mit möglichst geringen Wassermengen, Trocknen desselben bei 110° und Wägen geschehen.

Die Ausscheidungen bestehen keineswegs aus den reinen Carbonaten von Calcium und Magnesium, sondern enthalten neben diesen, unter denen das Calciumcarbonat gewöhnlich bedeutend vorwiegt, als Hauptbestandtheile noch Kieselsäure, organische Substanzen, Aluminium und Phosphorsäure, Eisen, Mangan und Alkalimetalle. Bei Wässern, welche Magnesiumnitrat und Magnesiumchlorid enthalten, könnte durch allzu weites Eindampfen Ausscheidung von Magnesiumhydroxyd entstehen. Solche Wässer sind indess zur Speisung für Dampfkessel, wie weiter erörtert wird, überhaupt gänzlich untauglich oder können dazu erst nach entsprechender Präparirung Verwendung finden. Um die Art der Herrichtung eines solchen Wassers und die Menge des demselben zuzusetzenden Reinigungsmittels festzustellen, erweist sich eine besondere quantitative Untersuchung mit Berücksichtigung des Magnesiumgehaltes nothwendig. Die Bestimmung der Einzelbestandtheile der Ausscheidung erscheint für den vorwürfigen Zweck unnütz; nur die Gesammtmenge desselben besitzt in diesem Falle Interesse.

Die Filtrate der Ausscheidungen enthalten die gesammte Menge des im Wasser enthaltenen Calciumsulfates, und lässt sich diese darin bestimmen, indem man die eine Hälfte zur Bestimmung der Schwefelsäure, die andere zur Bestimmung des Calciums nach den gewichtsanalytischen Methoden benutzt, und aus beiden Bestimmungen die im Wasser enthaltene Menge Calciumsulfates berechnet.

Von den zur volumetrischen Bestimmung der gebundenen Schwefelsäure vorgeschlagenen Methoden dürfte sich in den Fällen, in welchen es sich um geringe Mengen Schwefelsäure handelt, keine empfindlich genug erweisen. Ob das Calcium sich rascher auf volumetrischem Wege durch Filtriren des Calciumoxalates mit Permanganatlösung oder durch Wägung als Calciumoxyd bestimmen lasse, hängt davon ab, ob man mehrere solcher Bestimmungen gleichzeitig oder nur eine einzige auszuführen hat, da den grössten Zeitaufwand bei dessen Bestimmung ohnehin das Auswaschen des Niederschlages erheischt.

Die Berechnung des Gehaltes an Calciumsulfat geschieht aus den beiden für die Gehalte an Schwefelsäure und Calcium erhaltenen Zahlen dadurch, dass man ermittelt, wie viel Calcium die gefundene Menge Schwefelsäure zur Bildung von Calciumsulfat gebrauchen würde. Reicht der gefundene Calciumgehalt dazu nicht aus, um die gesammte Schwefelsäuremenge in Calciumsulfat überführen zu können, so ist die dem Calciumgehalte entsprechende Calciumsulfatmenge, andernfalls aber die dem Schwefelsäuregehalte entsprechende die gesuchte. Ich verkenne nicht die diesen Bestimmungsmethoden anhaftenden Mängel, allein es sind grossentheils dieselben, welche den üblichen Bestimmungsweisen der temporären Härte des Wassers anhaften und sich bislang nicht vermeiden lassen. So giebt auch die bei Bestimmung der temporären Härte wegen der nicht unbeträchtlichen Löslichkeit des Calciumcarbonates in Wasser vorgeschlagene Correction aus dem Grunde keine genauen Resultate, weil der bei dieser Bestimmung resultirende Niederschlag neben Calciumcarbonat stets Magnesiumcarbonat, wenn auch in geringerer Menge, enthält, dieses aber sich in einem ganz anderen Verhältnisse in Wasser auflöst als Calciumcarbonat. 1 l Wasser löst nach Hofmann 0,034, nach Fresenius 0,0943 g Calciumcarbonat bei gewöhnlicher Temperatur und nach Bineau 0,06, nach Chevalet 0,106 g Magnesiumcarbonat. Ferner kennen wir nicht die Löslichkeitsverhältnisse der übrigen sich mit den Carbonaten ausscheidenden Substanzen und vermögen bezüglich dieser keinerlei Correctur zu üben. Wir werden daher kaum einen grösseren Fehler begehen, wenn wir eine Correction bezüglich der Löslichkeit des Calcium- und Magnesiumcarbonates unterlassen, als wenn wir eine solche anbringen.

Wird der Schwefelsäuregehalt in einem Wasser grösser gefunden als er zur Bindung des Calciums zu Calciumsulfat erforderlich wäre, so compensirt sich der durch die Löslichkeit des Calciumcarbonates in Wasser erwachsene Fehler einigermassen. Für das in Lösung gebliebene oder gegangene Magnesiumcarbonat erwächst dadurch keine Ausgleichung.

Eine weitere Quelle der Ungenauigkeit dieser Bestimmungsmethode könnte in dem Verhalten des Magnesiumcarbonates bei der Herstellung der Ausscheidungen durch Eindampfen erblickt werden, da dieses Salz sich darin nicht von constanter Zusammensetzung findet, sondern je nach der Menge des verdampften Wassers und der Dauer des Eindampfens Kohlensäure ärmer also von stark wechselnder Zusammensetzung erhalten wird. Da jedoch ähnliche Verhältnisse bei der Bildung der Kesselsteine im Dampfkessel selbst bestehen und gewöhnlich die Ausscheidungen nur geringe Mengen Magnesiumcarbonat enthalten, dürfte dieser Umstand die Genauigkeit der Methode nicht wesentlich influiren.

Bezüglich der Ausführung ist zu bemerken, dass beim Eindampfen im Becherglase die Ausscheidungen sich häufig so fest an die Gefässwände ansetzen, dass ihre Loslösung nicht vollständig gelingt. In solchen Fällen dampft man zweckmässig in einer gewogenen Platinschale ab, wäscht möglichst durch Decantation über das gewogene Filter aus und wägt die in der Platinschale zurück bleibenden Ausscheidungen gesondert nach dem Auswaschen und Trocknen. Unter Umständen, wenn die Entwickelung von Chlor zu befürchten steht, kann auch eine dünnwandige Glasschale zu dieser Bestimmung Verwendung finden.

Bietet die quantitative Bestimmung des Calciumsulfatgehaltes nach Abscheidung der Carbonate durch Einkochen oder Eindampfen keinerlei Schwierigkeiten, so blieb es doch bis jetzt fraglich, ob sich das Calciumsulfat in den Kesselsteinen wasserfrei oder als Gips findet, und in welcher

Form es als Kesselstein bildende Substanz in Rechnung gebracht werden müsse. Da der Gips in heissen salz-, besonders natriumchloridhaltigen Lösungen sehr leicht in Anhydrit und umgekehrt der Anhydrit in Berührung mit Wasser von gewöhnlicher Temperatur rasch in Gips übergeht, erscheint das Vorkommen beider in den Kesselsteinen möglich, das des Anhydrites am wahrscheinlichsten und ich erlaube mir vorzuschlagen, das Calciumsulfat vorerst als wasserfreies Salz unter den Kesselstein bildenden Substanzen aufzuführen.[1]) Von wesentlicher Bedeutung für die Kesselsteinbildung können selbstverständlich die suspendirten Stoffe sein. Es empfiehlt sich daher, bei erkennbar trüben Wässern die suspendirten Stoffe eigens durch Abfiltriren auf einem bei 110^0 getrockneten Filter, Trocknen bei 110^0 und Wägen direkt zu bestimmen, und in solchen Fällen die durch Eindampfen sich ausscheidenden Substanzen in dem bei der Bestimmung der suspendirten Stoffe erhaltenen Filtrate zu bestimmen.

Die Mittheilung der Resultate der Prüfung des Wassers auf seinen Gehalt an Kesselstein bildenden Substanzen könnte meines Erachtens zweckmässig in der Weise geschehen, dass zuerst die Mengen der verschiedenen Arten Kesselstein bildender Substanzen und dann deren Summe, berechnet auf den Gehalt je eines Kubikmeters Wasser in Grammen aufgeführt werden, etwa wie folgt:

1 Kubikmeter des Wassers enthält an Kesselstein bildenden Substanzen in Grammen:
1. Suspendirte Stoffe . . . .
2. Carbonate und andere durch Erhitzen fällbare Substanzen . . . .
3. Calciumsulfat . . . .
4. Gesammtmenge . . . .

Die zweite für die Beurtheilung der Verwendbarkeit eines Wassers zum Speisen von Dampfkesseln sehr wichtige Untersuchung bezieht sich auf die Möglichkeit der Corrosion der Metalltheile des Kessels durch das Wasser, wie solche bei irgend erheblichem Gehalte desselben an Magnesiumchlorid und Magnesiumnitrat einzutreten pflegen. So hatte ich Gelegenheit, an einem neuen Dampfkessel die Entstehung von Efflorescenzen und stetes Entweichen von Stickoxyd resp. Stickdioxyd an allen Stellen zu beobachten, an denen das Manometer und die Ableitungsröhren eingesetzt waren, und es musste nach nur sechswöchentlicher Gebrauchszeit der betreffende Kessel einer kostspieligen Reparatur unterzogen werden.

Die erwähnten Efflorescenzen bestanden aus den Nitraten, Nitriten, Chloriden und Sulfaten des Calciums und Magnesiums. Beim gelinden Erwärmen entwickelten dieselben ausser Stickoxyd Chlor und Salzsäure. Das Wasser selbst enthielt keine Nitrite, wohl aber ausserordentlich grosse Mengen von Salpetersäure und Chlor, beide vorzugsweise an Magnesium gebunden.

Der in einer Porzellanschale hergestellte Abdampfrückstand des Wassers verhielt sich beim Erhitzen genau wie die Efflorescenzen des

---

[1]) Herr Jegel theilte mir mit, dass er Kesselsteine untersuchte, welche nach Entfernung der hygroskopischen Feuchtigkeit beim Erhitzen kein Wasser verloren, somit das Calciumsulfat als Anhydrit enthielten.

Dampfkessels, indem er zuerst Salzsäure, dann Chlor und Stickoxyd entwickelte.

Diese Eigenschaft der Abdampfrückstände, beim Erhitzen sich ebenso zu verhalten wie das Wasser bei starker Concentration und hoher Temperatur, kann zur Prüfung des Wassers in Beziehung auf sein Verhalten zu den Metalltheilen des Kessels dienen, denn Magnesiumchlorid und Magnesiumnitrat werden sich bei längerem Gebrauche eines Dampfkessels in demselben ebenso wie die fest ausgeschiedenen Stoffe anhäufen und schliesslich einen Concentrationsgrad erreichen, bei welchem die Zersetzung in Hydroxyd und freie Säure eintritt, wodurch Salzsäure und Salpetersäure, sowie Chlor und Stickoxyd als Zersetzungsprodukte der beiden Säuren freiwerden und corrodirend auf die Kesselwände wirken können.

Es dürfte daher für die Beurtheilung eines Wassers in dieser Hinsicht genügen, den Abdampfrückstand von 1 l desselben in einer Porzellanschale herzustellen, diesen allmählich zu erhitzen und während des Erhitzens über die Schale ein in der Mitte durchbohrtes Uhrglas, wie man es bei der quantitativen Analyse zur Einleitung von Gasen benutzt, zu stülpen und über die Durchbohrung einen befeuchteten Lakmus- oder Jodkaliumpapierstreifen auszubreiten. Durch Eindampfen in der Retorte mit vorgelegtem Kühler und Einleiten der beim Erhitzen des Abdampfrückstandes entstehenden Gase in Gefässe, welche Lakmus- oder Jodkaliumlösung enthalten, erzielt man kaum günstigere Resultate. Auch durch den Geruch lassen sich noch sehr geringe Mengen der heissen Gase sicher constatiren. Ich glaube, man sollte sich dahin einigen, dass der Gebrauch aller Wässer, deren Abdampfrückstände beim Erhitzen saure Gase, Salzsäure, Salpetersäure, Stickoxyd oder Chlor entwickeln, zum Speisen von Dampfkesseln dringend zu widerrathen sei. Sollte deren Gebrauch aber nicht umgangen werden können, so sind dieselben vor dem Gebrauche nach einer der bewährten Methoden zu reinigen, indem man das Magnesium vorher durch Kalkwasser oder durch Natron ausfüllt.

Zum Schlusse glaube ich der Befürchtung Ausdruck geben zu dürfen, dass auch die Nitrate der Alkalimetalle, ohne dass Säuren frei würden, Zersetzungen mit Metallen eingehen, sobald ihre Lösungen im Dampfkessel eine gewisse Concentration erreicht haben. Besonders dürfte diese Befürchtung für Messing gerechtfertigt erscheinen, da das Zink in fein vertheilter Form bekanntlich sehr heftig auf Nitrate einwirkt.

Egger-Mainz: Ich möchte die Herren auf eine Schrift des Herrn Ernst von Kochenhausen aufmerksam machen, die in Koburg verbreitet werden wird und die sehr eingehend alle Arten von Kesselspeisewasser bespricht und die Methoden ihrer Reinigung angiebt. Die Sache ist einem Berichte der Chemnitzer höheren Gewerbeschule beigegeben und hat mir sehr gut gefallen.

Halenke-Speyer: Ich möchte Herrn Kaemmerer fragen, ob er Erfahrungen hat über die Anwendung von Chlorbarium bei an Magnesiumsalzen sehr reichem Wasser? Es hat mich jemand um Rath gefragt, und da handelte es sich darum, ob die Reinigung von magnesiumhaltigem Wasser mittels Bariumchlorid gut sei. Ich habe geantwortet, er solle davon abstehen, indem in der Hitze ja möglicher Weise Magnesiumchlorid entsteht und dem Kessel Eintrag thut.

Kaemmerer-Nürnberg: Ich habe darin keine Erfahrung.

Egger-Mainz: Ich kann dies aus dem Bericht des Herrn von Kochenhausen ergänzen, der sich auch so ausspricht. Er hat fünf Jahre lang das Wasser für den bayrischen Bahnhof in Leipzig gereinigt. Ich möchte die Arbeit des Kochenhausen nochmals empfehlen, jeder wird sie mit Befriedigung aus der Hand legen.

Kaemmerer-Nürnberg: Die Chloride können ja nicht weggeschafft werden. Eine absolute Methode der Reinigung wird es überhaupt nicht geben.

Kayser-Nürnberg: Ich glaube, die Versammlung wird einstimmig damit einverstanden sein, dass ein Wasser, welches die vom Herrn Referenten angegebenen Verunreinigungen enthält, für Kesselheizung untauglich ist.

Ueber eine Safranfälschung
von Dr. R. Kayser-Nürnberg.

Es war mir ein ganzer Safran zur Untersuchung gegeben, er sah sehr schön aus und hatte eine dunkle, intensive Farbe. Dieser Safran war mit Schwerspath gefälscht in wahrhaft raffinirter Weise. Er war erst mit Chlorbariumlösung angefeuchtet, dann getrocknet, hierauf mit einem Alkalisulfate benetzt und wieder getrocknet. So war die Umwandlung in Schwerspath bewerkstelligt worden. Es war gar nicht möglich, das äusserlich zu bemerken, trotzdem 14 $\frac{0}{0}$ des Gewichtes Schwerspath war, ausserdem war natürlich noch reichlich Chloralkali vorhanden.

Materialien zur Begutachtung von Wassern zu technischen Zwecken
von B. Jegel-Hof.

Für den technischen Gebrauch kommen in erster Linie die oberirdischen Wasserläufe in Betracht, in zweiter Reihe steht das Grundwasser und nur in verhältnissmässig noch wenigen Fällen spielt das Wasser der Hochquellenleitungen eine Rolle.

Während Grundwasser und Quellwasser meist klar sind, führen Bachund Flusswasser neben den gelösten noch immer suspendirte Stoffe mit sich. So enthalten beispielsweise die 173 000 cbm Wasser, welche die Saale täglich an Hof vorbeiführt, 4000 kg suspendirte Stoffe neben 19 000 kg gelösten festen Körpern. Die 600 cbm Saalwasser, welche täglich in Hof verdampft werden, um die nöthigen Betriebskräfte zu liefern, hinterlassen einen Gesammtrückstand von 81 kg.

Ausser den suspendirten Stoffen, die ständig mitgeführt werden, finden sich in Bächen und Flüssen auch Pflanzen, die zeitweilig losgelöst und mitgerissen worden. Es kommen sonach bei der Beurtheilung eines

Wassers für den technischen Gebrauch in Betracht: 1) suspendirte Stoffe, 2) zeitweilig mit fortgerissene Körper und 3) gelöste Stoffe.

Die nachtheiligen Wirkungen dieser verschiedenen Körper gliedern sich wieder in mechanische und chemische.

Die suspendirten Stoffe lagern sich in den Zuleitungskanälen und Röhren ab, verschlammen dieselben und häufen sich an allen Stellen an, an denen das Wasser langsamer fliesst oder zeitweilig zur Ruhe kommt.

Da diese Schlammmassen zum Theil aus organischen Stoffen bestehen, so gerathen sie in Fäulniss. Die entstehenden Gase heben dann wieder grössere Schlammklumpen mit empor, welche mit weiter geführt werden. Besonders misslich ist die Verunreinigung der Ventile durch diesen Schlamm. Entweder schliessen die Ventile nicht mehr oder der Schlamm trocknet in den Ruhepausen des Betriebes ein und kittet die Ventile auf ihren Sitzen fest.

Wird, wie es in Dampfkesseln geschieht, das Wasser erwärmt, so scheiden sich die Carbonate des Magnesiums und des Calciums aus und kitten die suspendirten Stoffe, wenn auch nur lose, zusammen. In den Dampfkesseln bildet sich ein allerdings leicht zerreiblicher, lockerer Absatz, der oft mehr als $\frac{1}{3}$ seines Gewichtes organische und organisirte Körper enthält und zeitweilig entfernt werden muss.

Bei Dampfkesseln ist man an zeitweilige Reinigung gewöhnt, es giebt ja gar kein Wasser, das keinen Absatz lieferte. Der Unterschied zwischen den verschiedenen Wässern ist nur der, dass das eine die häufigere Reinigung des Kessels erfordert, das andere einen längeren Betrieb gestattet, ehe eine Entleerung des Kessels vorgenommen werden muss. Bei Speisung mit Saalwasser, das im Liter 135 mg gelöste und suspendirte Stoffe enthält, ist jährlich viermal eine Reinigung des Kessels nöthig. Viel misslicher ist das Vorhandensein suspendirter Stoffe für Wäschereien, Bleichereien, Walkereien und Färbereien. Diese Körper lagern sich auf der Faser ab, werden durch das Walken den Geweben incorporirt und beeinträchtigen alle zarteren Farben, am meisten leidet das Weiss.

Von den Pflanzen, welche zeitweilig losgerissen und in die Fabrikswasserleitungen eingeführt werden, ist die Beggiatoa alba hervorzuheben. Sie wächst auch in den Leitungen weiter, wenn nur das Wasser in Bewegung bleibt. Röhren von 1 dm Durchmesser werden von ihr verstopft, sie füllt die Ventilkästen aus, so dass die Ventile vollständig ihren Dienst versagen. Es ist wiederholt vorgekommen, dass grössere Etablissements den Betrieb einstellen mussten, um ihre Leitungen etc. von diesem lästigen Spaltpilz zu befreien.

Am besten schützt man sich gegen die Uebelstände, welche durch suspendirte und zeitweilig mit fortgerissene Körper herbeigeführt werden, dadurch, dass man die Saugrohre für die Wasserentnahme mindestens 1 m unter das Flussbett versenkt.

Die in einem Wasser gelösten Stoffe wirken entweder mechanisch oder chemisch[1]). Mechanisch wirken sie durch Bildung von Kesselstein, Absätzen in Reservoirs, Leitungen und auf Maschinentheilen.

---

[1]) Die chemischen Wirkungen, welche durch Organismen im Wasser hervorgerufen werden und in Brauereien, Hefefabriken etc. oft grosse Missstände herbeiführen, sollen hier nicht näher betrachtet werden. Dieses umfangreiche Thema wird wohl zweckmässig für sich behandelt.

Den festen krystallinischen Kesselstein bildet hauptsächlich der schwefel-saure Kalk. Verschiedene von mir untersuchte Kesselsteine enthielten im Vergleich zu den Carbonaten mehr Calciumsulfat als das Speisewasser. Der Grund liegt in dem Verhalten des Wassers beim Erwärmen. Bei der heute üblichen Verbindung von Hoch- und Niederdruckdampfmaschinen werden die Kessel immer mit vorgewärmtem Wasser gespeist. Beim Er-wärmen scheidet sich aber der kohlensaure Kalk und die kohlensaure Magnesia zum grossen Theil aus.

Die Carbonate des Calciums und Magnesiums haben auch mehr Nei-gung, sich in Pulverform auszuscheiden, während der schwefelsaure Kalk, dessen Ausscheidung langsamer erfolgt, feste krystallinische Krusten bildet. Es möge hier die Bemerkung Platz finden, dass frisch dem Kessel ent-nommene Ablagerungen nur $1-2\frac{0}{0}$ Wasser enthalten, dass also der schwefelsaure Kalk als Anhydrit darin enthalten ist. Dieselben Ablage-rungen, welche sich in den Kesseln bilden, lagern sich auch auf Hähnen und Ventilen ab und kitten sie im Futter resp. auf den Sitzen fest. Am häufigsten macht man diese Beobachtung bei den Hähnen an den Wasser-standszeigern der Dampfkessel. An einem Dampfkessel wurde die Be-obachtung gemacht, dass das Wasser in dem Wasserstandsglas nicht die gewöhnlichen Schwankungen machte. Der untere Hahn war in diesem Falle ganz unbeweglich und nach Abnahme der Armatur zeigte sich das Zuleitungsrohr zum Wasserstandsglas fast völlig mit Kesselstein ausgefüllt.

Chemisch wirken die Kalk- und Magnesiasalze in Wäschereien, Wal-kereien etc. dadurch nachtheilig, dass sie einen Theil der Seife ausfällen und so einen erhöhten Seifenverbrauch bedingen.

Auf Metalle wirken die im Wasser gelösten Chloride, Nitrate und die freie Kohlensäure ätzend, wie aus folgenden zwei Beispielen erhellt.

An dem Wasserstandsrohr eines Dampfkessels wurde der untere Hahn stark angefressen und es bildete sich eine malachitgrüne Masse. Diese grüne Masse bestand hauptsächlich aus Chlorkupfer. Das Speisewasser enthielt in diesem Falle 70 mg Chlor im Liter. Der Uebelstand ver-schwand, als ein anderes Speisewasser verwendet wurde.

Der zweite Fall nimmt deshalb ein erhöhtes Interesse für sich in Anspruch, weil er zeigt, dass unter Umständen auch ein Wasser von guter Beschaffenheit Missstände veranlassen kann. In einer neu einge-richteten Brauerei zeigte sich in den kupfernen Wasserleitungsrohren ein grüner Absatz. Dieser Absatz fand sich nur in den Rohren, welche kaltes Wasser enthielten, nicht in den Heisswasserleitungen. In demselben fanden sich nur Spuren von Chloriden und Sulfaten. Die Hauptmasse bestand aus basischem Kupfercarbonat, dann Calcium- und Magnesiumcarbonat. Das fragliche Wasser enthielt zu verschiedenen Zeiten zwischen 28 und 72 mg Kohlensäureanhydrit im Liter. Hier hatten also lediglich der Sauerstoff und die Kohlensäure eingewirkt. Das heisse Wasser, welches frei von diesen Gasen war, hatte selbstverständlich keine Wirkung. Die Rohre wurden verzinnt und von da ab hörte die corrosive Wir-kung auf.

Aus dem Vorstehenden erhellt, dass bei der Beurtheilung des Wassers für den technischen Gebrauch folgende Stoffe in Betracht kommen:

1. die suspendirten Körper,
2. die Körper, welche zeitweilig nur mit fortgeführt werden, wie
   die Begg. alba,
3. die Carbonate des Calciums und Magnesiums und die Sulfate,
4. die Chloride, Nitrate und die freie Kohlensäure als corrosiv wir-
   kende Stoffe.

Vorschläge zur Organisation einer Weinstatistik

von Dr. R. Kayser-Nürnberg.

M. H.! Die Weinstatistik soll die Aufgabe haben, Aufschluss zu schaffen über die chemische Zusammensetzung der Weine der einzelnen Jahrgänge und der einzelnen Productionsgebiete. Sie werden es bei der vorgerückten Stunde, in welcher wir uns bereits befinden, wie ich hoffe, nicht bedauern, wenn ich davon absehe, ein ausführliches Referat über die Mittel und Wege zu halten, mit denen und auf welchen wir die angegebene Aufgabe lösen wollen. Ich will mich darauf beschränken, Ihnen nur eine kurze Skizze des in Aussicht genommenen Planes zu liefern.

Unsere Weinstatistik beschränkt sich auf die Produktionsgebiete Deutschlands, welche in 7 statistische Bezirke zerfallen: 1. Rheingau, 2. Rheinhessen, 3. Rheinpfalz, 4. Elsass-Lothringen, 5. Baden, 6. Württemberg, 7. Unterfranken. Für jeden Bezirk ist ein Bezirksvorstand zu wählen, der die Zusammenstellung der in seinem Bezirke vorhandenen typischen Lagen vorzunehmen hat und dem es überlassen ist, sich zu diesem Zwecke mit in seinem Bezirke befindlichen Fachgenossen und Weinproducenten in Verbindung zu setzen. Der Bezirksvorstand entnimmt direct oder durch Vertrauenspersonen die Mostproben oder Weinproben, jede Weinprobe wird in zwei Theile getheilt, von denen der eine zur Untersuchung dient, der andere, falls die Untersuchung irgend welche Anomalien ergeben hat, einem anderen, in Weinuntersuchungen erfahrenen Fachgenossen übermittelt wird, um eine Controluntersuchung auszuführen. Die Resultate der Untersuchungen werden von den Bezirksvorständen dem geschäftsführenden Ausschusse der freien Vereinigung Bayerischer Vertreter der angewandten Chemie monatlich übermittelt, letzterer übernimmt die Zusammenstellung des gesammten gelieferten Materiales und sorgt für angemessene Publikation desselben.

An analytischen Arbeiten sind wenigstens auszuführen:
I. bei Mosten: Bestimmung von Säure und Zucker (mittels Most-
   waage);
II. bei Weinen: Bestimmung von Weingeist, Extract, Asche, Säure,
   Zucker.

Die Weine kommen als Jungweine, d. h. im ihrem Jahrgange folgenden Frühjahre und, wenn möglich, auch im folgenden Herbste zur Untersuchung. Notorisch gallisirte Weine, Tresterweine u. dergl. finden gleichzeitig thunlichste Berücksichtigung. Zu einer eingehenden Berathung dieser Angelegenheit wird von dem geschäftsführenden Ausschusse eine Versammlung von sich besonders für önochemische Fragen interessirenden Fachgenossen anberaumt werden.

Regierungsrath Sell-Berlin: M. H.! Ich finde unter den Weinbezirken die Provinz Sachsen nicht vertreten und doch stammen aus dieser Gegend Weinsorten, die in Norddeutschland vielfach als Moselweine verkauft werden. Aus eigener Erfahrung kann ich anführen, dass diese Weine gar nicht schlecht sind.

Forster-Plauen: Es werden aus Naumburg alljährlich ganz erhebliche Quantitäten Wein nach Berlin für Verschnittzwecke geführt. In Dresden findet man einzelne Gasthäuser, in denen nur Meissener und Grüneberger Wein verschenkt wird.

Kayser-Nürnberg: Wir erfahren sonach eine Vermehrung unserer Weinbaubezirke, es wird sich aus ihr wohl ein thüringisch-sächsischer Bezirk mit einem schlesischen Annex entwickeln.

Da Niemand mehr hierzu das Wort wünscht, so bitte ich Herrn Mayrhofer, an Stelle des abwesenden Herrn Professor Hilger über Punkt 17. unserer heutigen Tagesordnung sprechen zu wollen.

Ueber die Bestimmung von salpetrigen Säuren neben Salpetersäure.

J. Mayrhofer-Erlangen berichtet in Vertretung des Herrn Professor Hilger über eine im Laboratorium des Letzteren von Dr. Greitherr ausgearbeitete Methode zur Bestimmung der Salpetersäure und salpetrigen Säure:

Das Princip der gesonderten Bestimmung beider Säuren beruht auf dem Verhalten des neutralen und sauren Ferrochlorids gegen Nitrite und Nitrate. A. Piccini hat seiner Zeit darauf aufmerksam gemacht, dass eine mit Essigsäure angesäuerte Ferrochlorid-Lösung wohl Nitrite, nicht aber Nitrate zersetze, letztere werden nur durch das mit Mineralsäuren angesäuerte Chlorid zersetzt. Die von ihm darauf basirte Methode zur Trennung der beiden Säuren scheint aber ganz ohne Beachtung geblieben zu sein. Greitherr fand nun, dass die Trennung eine weit genauere wird, wenn neutrales Eisenchlorid angewendet wird. Er benutzt zur Ausführung das von Böhmer modificirte Schultze'sche Verfahren. Böhmer hat bekanntlich die Schultze'sche Methode in der Weise abgeändert, dass er das entwickelte Stickoxydgas gewichtsanalytisch bestimmt, indem er zur Absorption desselben eine Salpetersäure-Chromsäure-Lösung anwendet.

Bei vielen Versuchen nach Böhmer wurde als eine constante Fehlerquelle die geringe Löslichkeit des Stickoxydes im Wasser und dadurch hervorgerufene secundäre Umsetzung mit Soda zu Nitriten beobachtet, andererseits aber auch die von Böhmer angegebene Construction des Apparates.

Es ist ja auch aus den Arbeiten Wilfahrt's bekannt, dass dieser Analytiker mit dem Böhmer'schen Apparate wie auch anderen keine befriedigenden Resultate erhielt, selbst als er, um das directe Eintreten von Salzsäuredämpfen in die Lösung des Natriumcarbonates zu vermeiden, wodurch plötzlich heftige Kohlensäure-Entwickelungen stattfinden, die ein

Herausschleudern der Absorptionsflüssigkeit aus dem Kugelapparate veranlassen, eine Waschflasche mit destillirtem Wasser einschaltete.

Greitherr modificirte den Apparat nun derart, wie es aus der beigegebenen Skizze ersichtlich ist.

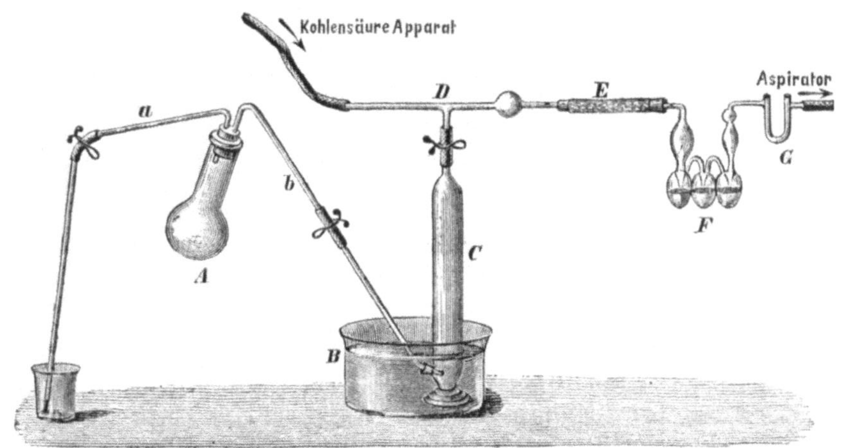

A ist der Entwickelungskolben von ca. 120 ccm Capacität, durch den Kork desselben führen zwei Glasröhren mit engen Lumen. Beide Röhren, a, b, sind schiefwinkelig nach abwärts gebogen, sind annähernd in der Mitte durch einen mit Quetschhahn versehenen Kautschukschlauch unterbrochen. a, welche etwas weiter in den Kolben hineinragt, dient zur Zuführung des Ferrochlorides und der Salzsäure; b, welche hart am Korke abgeschnitten ist, leitet das entwickelte Gas in einen Glascylinder (C) mit Tubus und Fuss, welcher in einer mit ausgekochter Natronlauge gefüllten Wanne (B) steht. Der Glascylinder (C) ist oben offen und mit einem aus gleichem Rohre wie b gefertigten Tförmigen Ansatzstück: D, mittelst Schlauch und Quetschhahn verbunden. Ein Ende dieses Tförmigen Rohres steht mit einem Kohlensäureapparat in Verbindung, das andere mit dem Absorptionsgefässe. Zweckmässig ist an diesem einen Schenkel gegen die Mitte zu eine Kugel angeblasen, um der Möglichkeit des Uebertretens von Lauge in den Kugelapparat vorzubeugen.

Zwischen diesem und D ist noch ein Chlorcalciumrohr (E) eingeschaltet, um die Gase zu trocknen. Das Ende des Absorptionsapparates (F) mit kleinem Chlorcalciumrohr (G) ist mit einem Aspirator verbunden.

Das wäre der Apparat. Was nun die Ausführung der Arbeit anbelangt, so ist dieselbe eine sehr einfache. In das Kölbchen A wird die zu untersuchende Flüssigkeit gegeben; liegt Brunnenwasser vor, so werden 200—250 ccm vorerst vorsichtig auf ca. 20 ccm eingedampft, diese dann in das Kölbchen gespült und darin auf 10 ccm concentrirt. Dadurch wird erreicht, dass alle Luft aus den Kölbchen und den Röhren a, b ausgetrieben ist, und dass bei Wegnahme der Flamme und bei geschlossenen Quetschhähnen ein Vacuum entsteht, wodurch die Ferrochloridlösung luftfrei nach A gebracht werden kann.

Während dieses Abdampfens füllt man den in der Glaswanne stehenden Cylinder C mit Natronlauge bis zur Stelle des Quetschhahnes (Luft darf keine darin bleiben), was mit Hülfe des Aspirators leicht bewerkstelligt werden kann, verdrängt dann die Luft durch Kohlensäure. Ist nun das Eindampfen der Probeflüssigkeit in A bis zur angegebenen Grenze vorgeschritten, so führt man b, welches einstweilen in die Natronlauge tauchte, in den Cylinder C ein, schliesst den Quetschhahn und entfernt die Flamme auf wenige Secunden, bis das Vacuum eingetreten ist, öffnet sodann den Quetschhahn $b a$ und lässt ca. 20 ccm der concentrirten Ferrochloridlösuug in das Kölbchen treten.

Sodann wird der Kolben wieder erhitzt; ist die Dampfspannung eine genügende geworden, wovon man sich durch vorsichtiges Lüften des Quetschhahnes a leicht überzeugen kann, so öffnet man den Hahn bei b, das Stickoxyd sammelt sich in dem (oben geschlossenen) Cylinder C an und erst dann, wenn auf abermaligem Zusatz von Eisenchlorür und abermaligem Kochen keine weitere Gasentwickelung erfolgt, ist die Umwandlung der gesammten salpetrigen Säure in Stickoxyd erfolgt. Nun wird der Quetschhahn bei b geschlossen, die Flamme entfernt und aus einem mittlerweile mit concentrirter Salzsäure gefüllten Gläschen Salzsäure durch die Röhre a in das Kölbchen gefüllt, welches nun, zur Bestimmung der Salpetersäure vorbereitet, einstweilen stehen gelassen wird.

Durch Ansaugen· mittelst des Aspirators bei gleichzeitigem Oeffnen des Quetschhahnes unter dem T Rohre leitet man nun das Stickoxyd, bei gleichzeitigem schwachen Kohlensäure-Strom, in das Absorptionsgefäss, verdrängt das Stickoxyd vollständig durch Kohlensäure, die Kohlensäure durch Luft, und die Arbeit ist bis auf die Wägung des Kugelapparates vollendet. Selbstverständlich ist darauf zu achten, dass bei dem Ansaugen die Natronlauge nicht in den horizontalen Schenkel des T Rohres gelangt.

Indem man nun einen neuen Chromsäureapparat einschaltet, die Luft abermals durch Kohlensäure ersetzt, die Natronlauge aus dem T Rohre bis zur Stelle des Quetschhahnes zurücktreten lässt, und dieselbe, falls im T Rohr welche zurückgeblieben wäre, sorgfältig entfernt, ist auch der ganze Apparat bereits wieder zur Bestimmung der Salpetersäure fertig gestellt, welche nun in der schon beschriebenen Weise durchgeführt wird.

Es ist auf diese Weise die Bestimmung der beiden Säuren nicht nur eine sehr einfache, sondern auch eine sehr genaue, was von dem Verfasser durch eine grosse Reihe von Controlversuchen belegt wird, über welche, wie auch über die Details dieser Arbeit, über die hier nur in sehr kurzer Weise berichtet werden konnte, seiner Zeit ausführliche Mittheilung erfolgen wird.

Kayser-Nürnberg: M. H.! Die Zeit ist zu weit vorgerückt, als dass es Ihnen erwünscht sein könnte, noch einen oder den anderen Gegenstand unserer Tagesordnung zu verhandeln. Ich erlaube mir jetzt, an Sie die Frage zu richten, ob Sie noch sonstige Mittheilungen zu machen oder Anträge zu stellen haben?

Geh. Regierungsrath Köhler, Director des kaiserl. Gesundheitsamtes, Berlin: M. H.! Sie haben wie in den früheren Jahren so auch in diesem

Jahre durch Vermittelung Ihres Ausschusses die interessirten Reichs-
behörden zur Theilnahme an Ihrer Versammlung eingeladen. Wir haben
als Abgeordnete mit der grössten Bereitwilligkeit Ihrer Einladung Folge
geleistet. Ich weile zum ersten Male in Ihrer Mitte und ich kann constatiren, dass ich mit dem grössten Interesse die eifrigen Bestrebungen,
Kenntnisse und Erfahrungen zu vermehren, wahrgenommen habe. Es ist
nicht nur eine Fülle positiver Bereicherungen der Kenntnisse, sondern
auch in vielfacher Hinsicht Anregung zu weiteren Forschungen gegeben
worden. Ich möchte nicht aus Ihrer Mitte scheiden, ohne meinem Danke
dafür Ausdruck gegeben zu haben, dass Sie uns diese Gelegenheit, unser
Wissen zu vermehren, geboten haben. Ich wünsche der freien Vereinigung
Bayerischer Vertreter der angewandten Chemie, dass sie noch recht oft zu
so fruchtbringenden Versammlungen zusammen treten möge.

Fresenius-Wiesbaden: M. H.! Ich möchte noch vor dem Schlusse
der Versammlung Ihnen im Namen der nicht officiellen Gäste unsern Dank
für die freundliche Aufnahme aussprechen, die sie uns bereitet haben. Ich
gebe in unser aller Namen der Freude Ausdruck, dass es uns vergönnt
war, an den Arbeiten und Verhandlungen der freien Vereinigung Bayerischer Vertreter der angewandten Chemie theilzunehmen, die ja, wie allgemein bekannt, weit über den Rahmen ihres engeren Vaterlandes hinaus-
wirken und vielfach den ausserhalb desselben stehenden Chemikern als
Vorbild dienen. Wir alle hoffen und wünschen, dass Sie nicht nur für
Ihre Bayerische Heimath, sondern auch für das ganze deutsche Reich in
segenbringender Weise fortarbeiten werden.

Kayser-Nürnberg: M. H.! Wir sind am Schlusse unserer dies-
jährigen Versammlung angelangt. Ich danke allen Theilnehmern der
Versammlung für den regen Eifer, mit dem sie unsere Aufgaben gefördert haben, ich danke ganz besonders den Herren Vertretern des Reichsamtes des Innern und den Vertretern des Bayerischen Ministeriums des
Innern für das warme Interesse, welches sie an unseren Verhandlungen
genommen haben. Nicht minder verdienen die Herren Vertreter der
Kreisregierungen, sowie die Vertretung der Stadt Würzburg und unsere
übrigen Gäste unseren wärmsten Dank für ihre Theilnahme an unserer
Versammlung. Ihre Theilnahme und Unterstützung sind der freien Vereinigung sowohl eine freudig empfundene Anerkennung als ein Antrieb zu
fortgesetzter weiterer Arbeit. Ich schliesse die fünfte Versammlung der
freien Vereinigung Bayerischer Vertreter der angewandten Chemie mit dem
herzlichen Wunsche: Auf Wiedersehen!

Medicinalrath Egger-Bayreuth: M. H.! Sie werden es mir gestatten, wenn ich Sie nach dem Schlusse unserer Versammlung einzu-
laden erlaube, dem Herrn Vorsitzenden für seine Leitung unserer Verhandlungen unseren Dank auszusprechen. Gleichzeitig möchte ich es nicht
unterlassen, in unser aller Namen der Gesellschaft Harmonie unseren
Dank auszusprechen für die liebenswürdige Ueberlassung ihrer prächtigen
Räume für unsere Verhandlungen.

Ueber Verunreinigung von Boden und Grundwasser durch Fabrikbetrieb

von Dr. Hermann Kaemmerer,

Professor der Chemie an der K. Industrieschule in Nürnberg.

Mittheilungen von Erfahrungen über Verunreinigung von Boden, Grund- und Flusswasser durch Fabrikbetriebe dürften denjenigen Mitgliedern unserer Vereinigung von Interesse sein, welche öfters in die Lage kommen, sich gutachtlich über neu auszuführende Fabrikanlagen oder über bestehende Betriebe bezüglich ihres Einflusses auf Boden, Grund- und Flusswasser äussern zu müssen, da die einschlägige Literatur noch vielfach lückenhaft erscheint und häufig genug den bei ihr Rath Suchenden im Stiche lässt, eine Ergänzung derselben durch Veröffentlichung besonders interessanter oder wichtiger Fälle somit einem Bedürfnisse entgegen kommt. Solchen weiteres Interesse bietenden Fällen glaube ich den einer Verunreinigung respective Vergiftung des Grundwassers mit Arsen in Folge Eindringens ungereinigter Abwässer einer Mineralfarbenfabrik in den Boden zuzählen zu dürfen, da diese Vergiftung sich räumlich sehr weit ausdehnte und, ehe sie erkannt war, erhebliche Schädigungen verursachte. Schon seit einer Reihe von Jahren beobachtete man in dem betreffenden Stadttheile, einer Vorstadt, in welcher sich viele Gärten befinden, das massenhafte Absterben von im Freien und in Gewächshäusern befindlichen Pflanzen aller Art, ohne sich dessen Ursache erklären zu können. Eine Reihe von Untersuchungen darüber blieb erfolglos, bis es mir im Jahre 1877 gelang, in dem Wasser eines Brunnens, der durch eine Leitung den betreffenden Stadttheil mit Wasser versorgte, sowie in dem Wasser mehrerer anderer benachbarter Brunnen Arsen in nicht unbeträchtlichen Mengen nachzuweisen und die Massenerkrankungen der Pflanzen auf den Arsengehalt dieses Wassers zurückzuführen. Bekannt waren die giftigen Wirkungen vieler Arsenverbindungen, insbesondere der arsenigen Säure und von Arseniaten auf die Pflanzen seit langer Zeit, insbesondere durch die ausgedehnten Untersuchungen von Jäger, und sind auch bereits Fälle von Vergiftung durch arsenhaltige Fabrikabwässer constatirt worden. So bemerkt Draggendorff, Die gerichtlich chemische Ermittlung von Giften, 2. A. 1876. S. 327, dass auch „arsenhaltiges Wasser (bei Vergiftungen) als Trinkwasser Benutzung gefunden haben könne, und zwar nicht allein ein solches, welchem dieser Stoff durch die in die Erde sickernden Abfälle chemischer Laboratorien oder von Fabriketablissements zugeführt werden.“

Ein solcher Fall erster Art findet sich in Fresenius Zeitschrift f. analyt. Chemie und ein weiterer in der Vierteljahresschrift für ger. Medicin J. 1864 aufgeführt. Das Handbuch der Gewerbehygiene von Eulenberg enthält folgende, meist dem mir im Originale vorliegenden Werke Jägers entnommene Angaben über die schädliche Wirkung der arsenigen Säure auf die Pflanzen:

„Auf alle Pflanzen wirkt arsenige Säure giftig ein; die gewöhnlichen Folgen ihrer Einwirkung auf dieselben sind, wenn die Wurzel mit der in Wasser gelösten Säure in Berührung gebracht oder die Stengel in ein solches Wasser gesetzt werden, meist Veränderung der grünen Farbe in eine braune oder weissliche, oder ein mattes, welkes Ansehen, wie in Folge von Uebergiessen mit heissem Wasser, meist Ausbreitung der Verfärbung von unten nach oben, und nach dem Laufe der Nerven der Blätter. Die Einwirkung auf die Blumen giebt sich durch Welken, Bräunung, Verwelken und Abfallen ihrer Blätter zu erkennen. — Die Gegenwart des Arsens in den verschiedenen Theilen der Pflanzen, welche seiner Einwirkung ausgesetzt waren, lässt sich durch die chemische Analyse nachweisen. Es hat sich herausgestellt, dass es nur einer sehr kleinen Menge Arsen bedarf, um eine tödtliche Wirkung auf die Pflanzen hervorzubringen."

Weiter findet sich an demselben Orte die Bemerkung, dass sobald Futterkräuter die Zeichen der arsenikalischen Einwirkung darbieten, es dringend geboten sei, dieselben zu vernichten, da alles Vieh sich sehr empfänglich für solche Schädlichkeiten zeige. Insbesondere gilt dies für Bienen und Geflügel.

Die Frage, wie weit dem Boden das Vermögen zukomme, arsenige Säure zurückzuhalten, scheint einer einfachen Lösung nicht fähig zu sein, da die verschiedenen Bodenarten sich der arsenigen Säure gegenüber sehr verschieden verhalten dürften. So lässt sich kaum annehmen, dass reiner Sandboden arsenige Säure in grösserer Menge zurückzuhalten vermöge, während von Kalkboden zu erwarten steht, dass er beträchtliche Mengen davon binden könne. Versuche, welche v. Gorup in dieser Hinsicht ausführte, ergaben, dass Ackererde von Erlangen von 250 mg Arsentrioxyd 213 mg, somit 85,2 Procent unabsorbirt liess.

Auf diese wenigen Thatsachen beschränkt sich bislang unsere Kenntniss der schädlichen Wirkungen der arsenigen Säure und der Arsenverbindungen überhaupt auf die Pflanzen. Wir erfahren daraus nicht, wie gross der Arsengehalt des Wassers sein und nicht wie viel Arsen von den Pflanzen aufgenommen und zurückgehalten werden muss, um Krankheitserscheinungen oder Tödtung derselben zu verursachen. In dem gleichen Falle der Unwissenheit befinden wir uns gegenüber der Frage, welche Gehalte des Wassers an Arsen von den verschiedenen im Wasser lebenden Thieren, insbesondere den Fischen, ertragen werden, respective welche Gehalte daran das Absterben dieser bedingen. Einen Beitrag zur Lösung dieser bis jetzt nicht auf Grund quantitativer Analysen behandelter Fragen glaube ich in nachstehenden Mittheilungen bringen zu können.

In dem von mir zuerst untersuchten Leitungswasser liess sich das Arsen leicht in dem Abdampfrückstande von 6 Liter durch Herstellung des Schwefelwasserstoffniederschlages, Ueberführung desselben in Trisilberarsenit und Erzeugung von Arsenflecken im Marsh'schen Apparate aus dessen Lösung in Kaliumchlorat und Salzsäure nachweisen. Von den übrigen Brunnenwässern, welche ich auf Arsen untersuchte, genügten zum qualitativen Nachweise desselben ebenfalls die Abdampfrückstände von 6—10 Liter.

Bei der quantitativen Arsenbestimmung erhielt ich aus 10 l einer dieser Wasserproben 0,0515 g bei 105 ° getrocknetes Ammoniummagnesiumarseniat, woraus sich für je 1 l Wasser berechnet der Gehalt an

Arsen zu . . . . 0,0020 g
arseniger Säure zu . . . . 0,00268 ⸗
orthoarsenigsaurem Calcium zu . . . . 0,004969 ⸗
orthoarsensaurem Calcium zu . . . . . 0,00530 ⸗

Dieses Wasser enthielt ausserdem im Liter 0,4 g primäre Carbonate von Calcium und Magnesium bei einem Gesammtgehalte an gelösten Bestandtheilen von 1,0899 g, einer Gesammthärte von 32,4°, 23,6° bleibender und 8,8° temporärer Härte.

Dass bei der damals wohl 10 Jahre und länger währenden starken Verunreinigung des Wassers mit Arsen sich die Röhren der Leitung stellenweise mit Arsenverbindungen inkrustirt fanden, kann nicht überraschen.

In solchen Röhrensteinen fand ich:

Probe	pc As	pc As_4O_6	pc $Ca_3(AsO_3)_2$	pc $Ca_3(AsO_4)_2$
I.	0,280	0,369	0,6831	0,7429
II.	0,336	0,443	0,8196	0,8913
III.	0,717	0,946	1,749	1,902
IV.	0,986	1,301	2,405	2,616
V.	0,2741	0,3618	0,6688	0,7273

Diesen arsenhaltigen Röhreninkrustationen vermochte ich durch gewöhnliches Brunnenwasser in 48stündiger Berührung und bei öfterem Schütteln keine nachweisbaren Mengen Arsens zu entziehen. Einige derselben besassen krystallinische Beschaffenheit und ähnelten den plattenförmigen dünnen Kesselsteinbildungen. In den Röhreninkrustationen fand sich das Arsen vorzugsweise als Tricalciumarseniat vor; da Wasser denselben kein Arsen entzog, dieselben sich ausserdem frei von Eisen erwiesen und mit Silbernitratlösung Umlegung in der Kälte zu braun gefärbtem Trisilberarseniat stattfand. Arsenige Säure liess sich in einzelnen Inkrustationen gar nicht, in anderen nur in kleinen Mengen nachweisen, so dass die Annahme wohl berechtigt sein dürfte, dass auch das Wasser das Arsen vorzugsweise als Calciumarseniat enthalten habe, welches durch Oxydation aus Calciumarsenit gebildet wurde.

Dass noch weit geringere Arsengehalte des Wassers als der mitgetheilte auf Fische tödtlich wirken können, beweisen folgende Vorkommnisse. Nachdem das ursprüngliche stark arsenhaltige Wasser der oben genannten Leitung durch das Wasser eines neuen artesischen Brunnens ersetzt worden war, aber das Eindringen des stark arsenhaltigen Grundwassers in den Schacht des artesischen Brunnens und dessen Vermengung mit dem arsenfreien Untergrundwasser nicht verhütet werden konnte und dadurch auch das an sich arsenfreie Untergrundwasser arsenhaltig wurde, starben alle in ein mit diesem Wasser gespeisten Bassin in einem Frühjahre frisch eingesetzten Fische rasch dahin. Anfänglich glaubte man die Ursache dieser Vergiftung auf die arsenhaltigen Inkrustationen des Bassins zurückführen zu müssen, denn in einer Probe derselben fand ich 0,182 Procent Arsen, entsprechend 0,2402 pc Arsenigsäureanhydrid und 0,4828 pc

Tricalciumarseniat. Allein nachdem diese arsenhaltigen Inkrustationen nebst dem gesammten Verputze des Bassins entfernt und durch neuen Cementverputz ersetzt worden waren, starben wiederum alle in das Bassin gesetzten Fische nach kurzer Zeit. Die Analyse des Leitungswassers (mit arsenhaltigem Grundwasser verunreinigtes Untergrundwasser) ergab den Litergehalt an Arsen in:

	I. Probe dem Brunnenschachte direkt entnommen 1. Februar 1878	II. Probe aus dem Bassin 12. Juli 1879
Arsen	0,246 mg	0,1645 mg
Arsenige Säure $(As_4 O_6)$ . .	0,324 ⸗	0,2170 ⸗
Arsensäure $(As_2 O_5)$ . . .	0,497 ⸗	0,2521 ⸗
Tricalciumarseniat	0,6525 ⸗	0,4363 ⸗

Aus der verarbeiteten Leiche eines der in dem Bassin verendeten Rothfische, die 375 g wog, liess sich in der üblichen Weise durch Schwefelwasserstoff intensiv gelbes Schwefelarsen abscheiden, das theilweise in Trisilberarsenit übergeführt, theilweise gelöst wurde. Aus der Lösung fällte Stannochlorür metallisches Arsen und im Marsh'schen Apparate gab dieselbe starke Arsenspiegel. Um ganz sicher zu gehen, kaufte man zwei möglichst gleiche Weissfische, von denen einer sofort getödtet und auf Arsen untersucht, der andere in das Bassin verbracht wurde, wo man ihn nach drei Tagen verendet fand. Die Leiche wurde dann in gleicher Weise auf Arsen untersucht wie die des ersten Fisches. In ersterem konnte keine Spur Arsen nachgewiesen werden, die 126 g wiegende Leiche des letzteren enthielt:

0,04112 g Arsen, entsprechend
0,05428 ⸗ Arsenigsäureanhydrid
0,06308 ⸗ Arsensäureanhydrid
0,1091 ⸗ Tricalciumarseniat.

Pro Kilogramm Körpergewicht berechnen sich:

Arsen . . . . . . 0,3263 g
Arsenigsäureanhydrid 0,4307 ⸗
Arsensäureanhydrid . 0,5005 ⸗
Tricalciumarseniat . 0,8656 ⸗

Bekanntlich fand Hofmann das Wasser der Leipziger Leitung arsenhaltig und es konnte im Hinblick darauf eingewendet werden, der geringe Arsengehalt des zuletzt erwähnten Wassers sei ein natürlicher. Abgesehen davon, dass man häufig Kupfer als Begleiter des Arsens nachzuweisen vermochte und damit die Abstammung des Arsens aus den Abwässern der Fabrikation des Schweinfurter Grüns ausser Zweifel gestellt war und sich zudem der Farbstoff selbst reichlich im Boden fand, erweist sich auch der Gehalt des Leipziger Wassers an Arsen ausserordentlich viel geringer. Eine trübe Probe des Leipziger Wassers enthielt 0,0018 mg $As_4 O_6$ pro l, eine andere hochgradig trübe, zum Trinken untaugliche Probe 0,0038 mg gegen 0,32 und 0,22 mg Arsenigsäureanhydrit in 1 l des für Fische tödtlich gewordenen Wassers. Man suchte den erwähnten Einwand noch ferner dadurch zu entkräften, dass man 60 l Wasser aus einem gewöhnlichen

Brunnen der Stadt gleichzeitig und in gleicher Weise mit 60 l des mit Arsen verunreinigten Wassers zur Untersuchung auf Arsen verarbeitete. In ersterem konnte kein Arsen nachgewiesen werden, während im zweiten der Nachweis des Arsens und seine quantitative Bestimmung leicht gelang.

In dem erwähnten sehr grossen Garten reichte die Menge des arsenhaltigen zugeleiteten Wassers zur Versorgung des ganzen Gartens nicht aus, weshalb der Eigenthümer des Gartens für einen ansehnlichen Theil desselben das Wasser aus der allgemeinen städtischen Wasserleitung bezog. In einem Sommer gingen in dem einen Theile des Gartens fast alle Blumenpflanzungen zu Grunde, während in dem anderen Theile des Gartens die dort befindlichen Blumenpflanzungen in normaler Weise gediehen. Der betreffende Gärtner erklärte, eine andere Ursache als die schlechte Beschaffenheit des Wassers könne für das massenhafte Absterben der Pflanzen in dem einen Theile des Gartens unmöglich gefunden werden. Die erst später erfolgte Entdeckung des Arsengehaltes des Wassers der Specialleitung, welches in dem betreffenden Gartentheile benutzt wurde, brachte die Erklärung für das Absterben der Pflanzen in einer den Gärtner völlig rechtfertigenden Weise. In demselben Garten befinden sich unmittelbar bei dem erwähnten Bassin eine Blutbuche und in einer Entfernung von etwa 20 Metern jenseits eines breiten, den Garten durchsetzenden Weges eine zweite, gleich alte und gleich grosse Blutbuche. Beide Bäume setzten im Frühling jeden Jahres gleichartig Triebe an, die sich normal entwickelten. In auffälliger Weise begannen seit Jahren etwa im Juni die Blätter der dem Bassin benachbarten Blutbuche sich vom Rande ausgehend nach Innen zu verfärben, zu verdorren und schliesslich Anfang August abzufallen, während an der anderen Blutbuche die Entfärbung und das Abfallen der Blätter stets erst zur Herbstzeit in normaler Weise eintrat. Da der Abfluss des mit dem arsenhaltigen Leitungswasser gespeisten Bassins sich auf der Seite befindet, wo die im Sommer krankende Blutbuche steht, und das Wasser unmittelbar bei dieser in den Boden versickerte, so lag die Annahme nahe, dass das Verfärben, Welken und Abfallen der Blätter dieses Baumes durch den Arsengehalt des Leitungswassers verursacht werde. Im Juni 1878 entnahm ich eine Anzahl kranker Blätter der Blutbuche, die nicht völlig verwelkt, sondern erst mit einem breiten, rostfarbenen, völlig welken Rande versehen waren und an den Rippen schwach gebräunt erschienen, zwischen diesen aber noch ansehnliche Parthien von normaler Farbe und Beschaffenheit enthielten. 300 g dieser Blätter gaben nach der üblichen Behandlung 0,1432 g $2NH_4\,MgAsO_4\,.\,H_2O$. Daraus berechnet sich für 100 g Blätter der Gehalt an:

Arsen zu . . . . . . 0,01884 g
Arsentrioxyd . . . . . 0,02486 =
Arsenpentoxyd . . . . 0,02888 =
Tricalciumarseniat . . . 0,04998 =

Damit sich auch in diesem Falle die Abstammung des Arsens aus den Abwässern von der Bereitung des Schweinfurter Grüns nicht bestreiten lasse, konnte neben Arsen Kupfer nachgewiesen werden. Am 16. Juli 1879 zeigten sich an den Blättern der Blutbuche wiederum dieselben

Erkrankungserscheinungen hochgradig ausgebildet und es wurde nun ein Ast abgebrochen, derselbe entblättert und Blätter wie Astholz gesondert auf Arsen untersucht. Die Zerstörung der organischen Substanz wurde wie in dem vorhergehenden so auch in diesen Fällen auf nassem Wege bewirkt und erhielt ich nachfolgende Resultate.

Es gaben 100 g:

	Blätter	Astholz	
$2\,NH_4\,Mg\,As\,O_4\,.\,H_2O$ . .	0,5400	0,1428	g, entsprechend
Arsen	0,2132	0,05636	=
Arsentrioxyd	0,2813	0,07430	=
Arsenpentoxyd	0,3268	0,08642	=
Tricalciumarseniat	0,5656	0,1495	=

Darnach enthalten die Blätter nahezu vier Mal mehr Arsen als der Ast, es accumulirt sich somit das Arsen in den Blättern. Mit den Krankheitserscheinungen stehen die Resultate in gutem Einklang, wenn man annimmt, dass das Arsen in den Pflanzen bis zu den äussersten Spitzen der Blätter in Lösung aufsteigt und dorten, weil es sich nicht weiter zertheilen und nicht zurückgelangen kann, sich anhäuft und eine physiologisch giftige Wirkung erst dann äussert, wenn es eine gewisse Concentration erlangte. Sehr merkwürdig bleibt es immerhin, dass die Wurzeln, welche mit dem arsenreichen Boden in Contact stehen, sowie der Stamm und die Aeste nicht erkranken, obwohl alles Arsen, das in die Blätter gelangt, diese Organe passiren musste. Man wäre fast geneigt anzunehmen, dass das Arsen von den Rändern der Blätter ausgehend nach Erlangung einer bestimmten Concentration vielleicht als Calciumarseniat in fester Form sich ausscheide und durch Verstopfung der Poren eine mechanische schädliche Wirkung eintrete. Bei kleineren Pflanzen könnte derselbe Fall wie bei den Blättern des kräftigen Baumes auch an den Stengeln und Wurzeln eintreten. Wie dem auch sei, mögen diese bescheidenen Beiträge zur Kenntniss der Wirkung des Arsens auf die Pflanzen Anlass geben, diese Wirkung, welche trotz zahlreicher Versuche in ihrer letzten Ursache bisher unerklärt blieb, endgültig aufzuhellen. Jedenfalls beweisen diese Mittheilungen, dass 1,6 mg Arsen in 1 l Wasser hinreichen, die Fischzucht darin gänzlich unmöglich zu machen und das Absterben kleiner Pflanzen, sowie das Siechthum grosser, starker Bäume zu bewirken.

Was man nach diesen Darlegungen von den im Repertorium der analytischen Chemie 1886, No. 32, S. 832 enthaltenen, dem Eugin. and Min. Journ. 1885, Vol. 40, No. 6 entnommenen Mittheilungen zu halten habe, wonach die Anwendung von „weissem Mehl," „Pariser Grün" und „Londoner Purpur," „sowie anderer Arsenverbindungen" in der Landwirthschaft zur Vertilgung von Insekten, Würmern und Heuschrecken „enorme Fortschritte mache," glaube ich hier nicht weiter ausführen zu müssen; es erübrigt mir nur, vor einer etwa in Deutschland oder anderwärts beabsichtigten Erprobung dieser höchst gefährlichen Insektenvertilgungsmethode eindringlichst zu warnen.

Ueber die Prüfung des Perubalsams;

von Th. Weigle-Nürnberg.

Wenn ich mir erlaube, einige Mittheilungen über einen Körper zu machen, der unseren gewöhnlichen Thematas etwas ferner liegt, so geschieht es nur, um den Beweis zu liefern, dass wir es bei unseren Untersuchungen nicht bei den bestehenden Methoden bewenden lassen dürfen, da erfahrungsgemäss die Verfälschungsweisen stets wechseln.

Handelt es sich bei der Untersuchung des Perubalsams darum, einen Gehalt an Benzoe, Terpentin, Storax, fetten Oelen, Colophonium, nachzuweisen, so sind wir dies theils durch die in der Pharmacopoe enthaltenen, theils durch Commentare bekannten Reactionen leicht im Stande. Ebenso hat die Pharmapoea germ. ed. I. mittels einer einfachen Aciditätsbestimmung den Säuregehalt des Balsams festgesetzt. Anders verhält es sich jedoch mit den Balsamen, die betreffs ihrer physikalischen und chemischen Eigenschaften dem Perubalsam ähnlich sind, betreffs ihrer physiologischen Wirkung ganz erheblich von demselben abweichen, durch ihre Billigkeit aber sehr geeignet scheinen, als Verfälschungsmittel zu dienen. Bei allen Sorten von Perubalsam, die ich in letzter Zeit untersuchte, war es mir auffallend, dass, während die Pharmacopoe eine Schwankung des specifischen Gewichtes von 1,135—1,145 zulässt, früher auch wohl unverfälschte Balsame bis zu einem specifischen Gewicht von 1,155 vorkamen, das durchgängige specifische Gewicht der Balsame das Mittel dieser Zahlen nie erreichte.

Dieser Umstand, sowie die Thatsache, dass fast sämmtliche Balsame den Ansprüchen der Pharmacopoe genügten, bis auf jene Reaction, die zur Auffindung obengenannter Balsame dienen soll, lässt wohl erkennen, dass man es hier mit Verfälschungen zu thun hat, die noch nicht genügend erklärt sind.

Die Pharmacopoe bestimmt, es solle nach der Verdunstung des Petroleumsauszuges aus dem Perubalsam ein öliger, gelblich gefärbter Rückstand bleiben, der auf Zusatz einiger Tropfen Salpetersäure von 1,37 specifischem Gewicht, eine blaue oder blaugrüne Farbe annehmen soll.

Nun kann aber als Thatsache constatirt werden, dass selbst der Petroleumauszug eines ganz reinen Perubalsams mit Salpetersäure blaugrün gefärbt wird, sobald derselbe etwas mehr als gelinde erwärmt wird, wie der Ausdruck der Pharmacopoe lautet.

Ich habe mir nun einige Sorten der unter den Namen Gurjunbalsam vorkommenden Balsame untersucht, da letzterer hauptsächlich als Verfälschung dienen soll. Diese Balsame differiren sowohl in ihren physikalischen als chemischen Eigenschaften ziemlich stark. Sie sind theils dünn-, theils dickflüssig, theils von gelber, theils brauner und dunkelbrauner Farbe. Die Fluorescenz ist mehr oder weniger stark. Das specifische Gewicht wechselt zwischen 0,95—0,99. Mit gleichen Gewichtstheilen Alkohol geben die einen eine klare Lösung, während die anderen in diesem Verhältnisse nur trübe mischbar sind. Die Petroleumauszüge färben sich auf Zusatz von Salpetersäure theils blaugrün und blau, theils violett und auch roth. Beim Mischen mit concentrirter Schwefelsäure färbte sich das Waschwasser ähnlich wie beim Perubalsam violett, der hinterbleibende Rückstand jedoch war schmierig, nicht fest. Gegen Ammoniak zeigen die Balsame das gleiche Verhalten wie ächte Balsame. Die Mischungen von ächten Balsamen mit den untersuchten Balsamen gaben nachstehendes Resultat: Bei Zusatz von 8 $\frac{0}{0}$ Gurjunbalsam zu ächtem färbt sich bei der Schwefelsäurereaction das Waschwasser gleichfalls violett, der Rückstand zeigt sich jedoch kaum weniger spröde als bei ächtem Balsam. Der Petroleumauszug aus Gemengen von obigem Verhältniss zeigte auf Zusatz von Salpetersäure häufig Nuancen, die von den durch ächten Balsam erzeugten, wenn derselbe erwärmt wurde, nicht zu unterscheiden waren. Das specifische Gewicht wurde allerdings verändert, jedoch war es immerhin möglich, durch Mengungen ächten Balsams von hohem specifischem Gewicht mit den zur Verfälschung dienenden Mischungen zu erzeugen, die der Pharmacopoe noch entsprachen.

Diese Beobachtungen scheinen schon häufig gemacht worden zu sein; denn es wurde von verschiedenen Seiten eine dahin zielende Aenderung vorgeschlagen, dass nämlich die Pharmacopoe bestimme, der Petroleumauszug solle nicht durch seine ganze Masse blau oder blaugrün erscheinen.

Dieser Ausdruck scheint mir sehr wenig präcis zu sein und glaube ich in nachstehendem eine sicherere Probe zum Nachweis von Gurjun und diesem verwandten Balsamen gefunden zu haben. Gurjunbalsam giebt mit gleichen Gewichtstheilen pulverförmigen Kalkhydrats gemengt, eine ganz gleichförmige, salbenartige Mischung, die selbst nach Verlauf von mehreren Stunden sich völlig gleich bleibt. Reiner Perubalsam in obigem Gewichtsverhältnisse mit Kalkhydrat versetzt, ergiebt in kürzester Zeit eine krümelige Masse, die sich nach Verlauf einer Viertelstunde auch zerreiben lässt. Bei Proben, die ich nun mit Gemengen von Perubalsamen und den eingangs erwähnten Balsamen gemacht habe, hat sich ergeben, dass selbst ein Zusatz von nur 8 $\frac{0}{0}$ der untersuchten Balsame zu ächtem dessen Erhärtung zwar nicht aufhebt, jedoch sehr lange Zeit hintan hält.

Nun ist jedoch anderseits zu constatiren, dass jeder Zusatz von Storax, Benzoe, Colophonium zu reinem Balsam die Erhärtung durch Kalkhydrat wesentlich begünstigt, dass sogar solche Gemenge sich sehr leicht pulverisiren lassen und dass sehr erhebliche Zusätze von Gurjunbalsam diese Erhärtung auch nicht aufhalten. Um deshalb auf Gurjun und ähnliche Balsame mittels obiger Methode prüfen zu können, muss zuerst die Abwesenheit von Benzoe, Storax etc. constatirt werden.

Die Reihenfolge der Reaction zur Prüfung des Perubalsams auf seine Reinheit wird demnach folgende sein müssen:

1. Bestimmung des specifischen Gewichtes.
2. Prüfung auf die Abwesenheit von Benzoe, Copaivabalsam, Terpenthin, Storax,
3. von Colophonium in Verbindung mit Copaivabalsam,
4. Ricinusöl, und zuletzt auf die Abwesenheit
5. von Gurjun und diesem verwandten Balsamen auf die von mir ausgeführte Art und Weise.

Ueber die hygienische Bedeutung der zur Herstellung von Wasserleitungsröhren verwendeten Metalle;

von G. Marquard-Nürnberg.

Die Metalle, welche bisher zur Herstellung von Wasserleitungsröhren Anwendung gefunden haben, genügen den Anforderungen, welche die Hygiene an das Wasser stellen muss, welches sie dem menschlichen Consum zuzuführen bestimmt sind, in sehr ungleicher Weise. Während die einen Metalle dem durchfliessenden Wasser nur unangenehme Eigenschaften verleihen, sind andere, namentlich das Blei und seine Legierung mit Zinn, in hohem Grade geeignet, die menschliche Gesundheit zu gefährden.

Eine verhältnissmässig ausgiebige Verwendung des Bleies zu gedachtem Zwecke scheinen bereits die alten Römer gemacht zu haben, aber es dürfte auch die Beobachtung, dass das durch Bleiröhren geleitete Wasser gesundheitsschädlich werden kann, sehr alt sein, denn schon Vitruv und Galenus machen auf die einer solchen Benutzung des Bleies entspringenden Gefahren für die Gesundheit aufmerksam und bereits Elshold, Leibmedicus des grossen Kurfürsten, schreibt in seinem Taschenbuch im Jahre 1682: „Diweilen man die Quellwasser zuweilen durch Röhren pfleget in die Städte zu leiten, so nehmen die Wasser von dem Blei eine gesundheitsschädliche Qualität an."[1]) Aus späterer Zeit liegen Mittheilungen vor über Fälle von Bleivergiftung nach täglichem Genusse von Wasser, welches mit Blei in Berührung gewesen, so der Fall von Bleivergiftung bei 13 Personen aus der Suite von Louis Philippe zu Claremont und die von Robertson berichtete Vergiftung von 20 Mädchen in einem englischen Pensionate.[2]) Gleichwohl hat der Gebrauch bleierner Wasserleitungsröhren namentlich zur Wasservertheilung in den Haushalt zur Stunde noch nicht aufgehört, obschon die Frage nach der toxischen Bedeutung dieses Materials beständig eine Erörterung und Prüfung erfuhr, die bald mehr, bald minder zu Ungunsten seiner Verwendbarkeit ausgefallen ist.

Zunächst verdienen Erwähnung die Untersuchungen von Graham, Hoffmann und Miller[3]) über die Löslichkeitsbedingungen des Bleies in Wasser. Sie fanden, dass reines destillirtes Wasser ziemlich viel Blei aufnimmt, wenn dasselbe in fein vertheiltem Zustande damit längere Zeit in Berührung bleibt, dass dagegen kohlensaures Blei nur in sehr geringer Menge gelöst und aus bleihaltigem Wasser bei längerem Stehen an der Luft durch die Kohlensäure derselben fast alles Blei als Carbonat gefällt wird. Schwach kohlensäurehaltiges Wasser löse daher auch kein Blei auf.

Nach Stalmann[4]) wirkt vollständig reines destillirtes Wasser überhaupt nicht auf Blei ein, sondern erlangt diese Fähigkeit erst durch die Anwesenheit sehr kleiner Mengen von Ammoniak oder von Salpetersäure-

---

[1]) Dingler's Journ. 219.
[2]) Handbuch der Toxikologie v. Husemann. S. 908.
[3]) Techn. Chemie v. Muspratt VII. B. 496.
[4]) Dingler's Journ. 180, 366.

spuren, nach Böttger[1]) durch einen geringen Gehalt an Ammoniumcarbonat. Jedoch sollen nach Erstgenanntem Salpetersäure und Ammoniak nur bis zu einem gewissen Grade die Lösung des Bleis befördern, das Wasser activ machen. Damit solches active Wasser auf das Blei wirken kann, ist der Zutritt der atmosphärischen Luft nothwendig, deren Abschluss auch bei Gegenwart freier Kohlensäure noch die Corrosion hindere. Auch genüge die Berührung des Wassers mit kohlensäurefreier Luft nicht, um eine Corrosion des Bleis zu bewirken. Hingegen werde diese gefördert (Graham, Hoffmann, Miller) durch das Vorhandensein gewisser Salze im Wasser, namentlich der Chloride und Nitrate und noch mehr durch die im Wasser enthaltenen organischen Substanzen. Den im Wasser gelösten Sulfaten wird von oben Genannten, entgegen früheren Annahmen, keine schützende Wirkung zugesprochen, wohl aber dem als Bicarbonat vorhandenen Kalk, welche Beobachtung auch von Pettenkofer bestätigt wurde.

Einem eingehenden Studium wurde die Einwirkung des Wassers auf das Blei durch Calvert[2]) unterzogen. Seine Versuche, welche einen Zeitraum von 12 Monaten und 300 Wasserproben umfassten, wurden sowohl an Röhren von Blei als auch solchen von Blei-Zinnlegierung ausgeführt. In den ersten vier Tagen enthielt das mit Blei in Berührung erhaltene Wasser beträchtliche Bleimengen. Während sechs Wochen nahm alsdann die Menge des aufgenommenen Bleies allmählich ab und das Wasser hörte hernach auf, Blei zu absorbiren. Wenn man aber während dieser Zeit das Wasser mit dem Rohre 12 Stunden lang in Berührung liess, so war dessen Einwirkung noch sehr auffallend, indem er dann noch 4 mg Blei im Liter Wasser fand. Calvert's Versuche mit Blei-Zinnröhren ergaben das gleiche Resultat. Nur reines Zinn widerstand der Auflösung durch das Wasser.

Diese Erfahrung Calvert's wurde von Dr. Smith[3]) bestätigt. Vielmehr constatirte dieser an Zinn-Bleiröhren eine noch stärkere Corrosion als an den aus Blei allein hergestellten. Derselbe berichtet auch von mehreren Fällen, in welchen durch Trinken des Wassers in Manchester ernstliche und sogar tödtliche Vergiftung eintrat. Für viele Personen kann nach seiner Ansicht ein Gehalt von 1,5 mg Blei per Gallon (= 4,5 l) schädlich wirken.

Die Untersuchung des Wassers aus einer 39 m langen Bleirohrleitung des hygienischen Instituts in Pest ergab nach einer Mittheilung des „Archiv für Hygiene“[4]) folgende Bleimengen:

pro Liter nach reichlichem Auslaufen unter raschem Strömen . 0,085 mg
  =   =   =   =   =   = langsamem = . 1,04 =
  =   =   = 24stündigem Stehen im Rohre . . . . . 1,224 =
  =   =   = 48   =   =   =   = ... 1,7 =
  =   =   = 7tägigem   =   =   = ... 3,25 =
  =   =   = 30   =   =   =   = ... 4,7 =

[1]) Jahresber. d. Chemie 1866, 232.
[2]) Dingler's Journ. 162, 221.
[3]) Jahresber. d. Chemie 1851, 662.
[4]) Industrieblätter 1885, No. 31.

Ein aus einer 13 Jahre alten Brunnenwasserleitung in Hannover herausgenommenes Stück Bleirohr von 4 mm Wandstärke zeigte sich innen mit einer 0,3 mm dicken, grauen, ziemlich festhaftenden Schicht, welche vorwiegend aus Bleicarbonat, Bleisulfat und etwas Calciumcarbonat bestand, ausgekleidet, sonst aber noch sehr gut erhalten.[1] Nach den Mittheilungen des betreffenden Brunnenbesitzers lief in den ersten Tagen des Gebrauches der neuen Leitung das Wasser trübe, dann aber völlig klar. Es schien also die entstandene Kruste das Rohr vor weiterem Angriff geschützt zu haben, so dass trotz eines verhältnissmässig hohen Gehaltes an organischen Stoffen und Nitraten keine Spur Blei mehr im Wasser nachgewiesen werden konnte.

Im Jahre 1873 legte Belgrand[2] der Pariser Academie der Wissenschaften Stücke eines Bleirohrs vor, durch welches seit 1670 — also über 200 Jahre — Wasser geleitet war und welches demnach keine Spur von Corrosion zeigte. Hätte das Pariser Wasser, wie er meint, auf das Blei gewirkt, so müsste dasselbe längst wie ein Sieb durchlöchert sein.

Reichardt[3] berichtet, dass bei Behandlung der sechs Wochen lang mit Jenenser Quellwasser in Berührung gebliebenen Bleiröhren mit destillirtem Wasser, selbst bei mehrwöchentlicher Dauer derselben, kein Blei aufgenommen worden sei.

Ein die Anwendung von Bleiröhren weniger empfehlendes Resultat erzielte Schneider[4] bei seinen, mit dem die Stadt Sprottau versorgenden Wasser aus dem Boberflusse, vorgenommenen Untersuchungen. Das Boberwasser hatte aus einem 20 m langen, neuen Bleirohr bei 48stündigem Stehen 5 mg Blei pro Liter aufgenommen. Schneider konnte selbst an Bleirohrleitungen, die seit etwa 18 Jahren im Gebrauche sich befinden, noch nicht eine Beschaffenheit constatiren, durch welche die Aufnahme von Blei bei längerem — selbst nur nach Stunden zählendem — Verweilen des Leitungswassers darin gänzlich gehindert wäre. Derselbe prüfte auch die Einwirkung von hartem Wasser auf Bleirohr und fand, dass dasselbe 3,5 mg pro Liter aufgenommen hatte.

Aus dem bisher angeführten Untersuchungsmaterial, sowie aus Versuchen, die über diesen Gegenstand im chemischen Laboratorium des Bayerischen Gewerbemuseums angestellt wurden, geht hervor, dass neue Wasserleitungsröhren aus Blei unter allen Umständen Blei an das durchfliessende Wasser abgeben und zwar in einer Menge und Dauer, die von dem Ursprung und der chemischen Beschaffenheit des Wassers bedingt sind. Der im anfänglichen Gebrauch der Leitung im Wasser enthaltenen Bleimenge ist die Fähigkeit einer toxischen Wirkung entschieden zuzusprechen. Selbst nach längerem Gebrauch einer Leitung aus Blei ist der Consum ihres Wassers bedenklich, insofern bei längerem Stehen des Wassers in der Röhre (wie es in grossen englischen Städten mit periodischem Wasserbezug Regel ist) selbst dann noch erhebliche Bleimengen aufgenommen werden, zumal wenn eine Entleerung der Röhren und

---

[1] Dingler's Journ. 219, 522.
[2] ibid.
[3] Reichardt, Grundlagen zur Beurtheilung des Trinkwassers 1880.
[4] Repert. d. anal. Chemie 1884, 10, 158.

Luftzutritt stattgefunden hat. Es sollte darum nur nach reichlichem Auslaufen des Wassers in raschem Strome aus einer Bleileitung für Zwecke des Consums Wasser entnommen werden — allerdings ein Rath, dessen Nichtbeachtung schon durch Sparsamkeitsrücksichten (Wasserverbrauchscontrole) in sehr vielen Fällen veranlasst werden dürfte.

Das über die Bleiröhren Gesagte gilt noch viel mehr von den zinnhaltigen und innen verzinnten Bleiröhren, sofern die letzteren auch nur kleine Mängel in der Homogenität des Zinnüberzuges aufweisen; denn Smith, Kersting, Calvert und Stumpf haben beobachtet, dass bei diesem Materiale die Corrosion durch das Wasser noch energischer als bei reinem Blei eintritt. Hingegen haben sich Zinnrohre mit Bleimantel, wie solche zum ersten Male im Jahre 1870 für Anschlussleitungen der Stadt Stassfurt Anwendung fanden, in hygienischer Beziehung bewährt. Leider stehen ihrer allgemeineren Anwendung technische Schwierigkeiten und hoher Preis hindernd im Wege.

Den schweren Bedenken, welche sich an den Gebrauch bleierner Wasserleitungsröhren gewiss auch dann noch, wenn dieselben vor ihrer Ingebrauchnahme, wie Christison und Parkes empfehlen, durch Behandlung mit phosphorsaurem Natron oder nach dem Vorschlage von H. Schwarz durch Behandlung mit Schwefelalkalien widerstandsfähiger gemacht worden, knüpfen, ist am Besten aus dem Wege gegangen durch die Verwendung eiserner Röhren, welche in Rücksicht auf leichte und doch dauerhafte Installation, Widerstandsfähigkeit gegen Druck, Preis u. A. von keinem anderen Materiale erreicht werden. Wenn sich hingegen auch die Eisenröhren nicht widerstandsfähig gegen eine chemische Einwirkung des Wassers erweisen, vielmehr durch Rostbildung dem Wasser, je nach dessen chemischen Beschaffenheit bald mehr bald minder, eine unangenehme Färbung und Trübung ertheilen oder durch Anhäufungen von Rost zu förmlichen Knollen in der Leitung eine bedeutende Verminderung ihrer Ergiebigkeit erleiden, so geben diese Umstände kaum Anlass, eine Schädigung der Gesundheit des Wasserconsumenten zu befürchten. Auch ist diese Trübung des Wassers durch Rost durch Combination der Wasserhähne mit einer Filtrirvorrichtung leicht und völlig zu beseitigen.

Um die Bildung von Eisenrost, an welcher nach Pettenkofer[1]) in erster Linie der Gehalt des Wassers an freier Kohlensäure und Sauerstoff, nach Lory[2]) die Anwesenheit organischer Substanz, keineswegs aber electrische Vorgänge (Contact von Eisen und Blei an den Muffenverbindungen) die Schuld tragen, hintanzuhalten, stellt man jetzt in der Regel auf den Eisenröhren einen Ueberzug aus Gastheer und Goudron durch Eintauchen in die geschmolzene Masse her. Hierbei geschieht es leicht, dass in den Unebenheiten der Röhrenwandung Luftbläschen haften bleiben und eine Benetzung des Metalls durch die Masse verhindern. Die eingeschlossene Luft bewirkt alsdann eine Corrosion des Eisens an diesen Stellen, die Theerbläschen reissen sich bei Druckschwankungen in der Leitung los und verunreinigen mit ihrem Inhalt an Rost das Wasser.

---

[1]) Dingler's Journ. 175, 283.
[2]) F. Fischer's Jahresber. d. chem. Technol. 1885. 934.

Dieser Uebelstand soll nach Borowsky[3]) durch Eintauchen der erhitzten Röhren in die Imprägnirungsmasse oder durch Anstreichen mit dieser sich vermeiden lassen.

An Stelle der getheerten Leitungsröhren sind in letzter Zeit auch verzinkte (galvanisirte) Eisenröhren angewendet worden. Während in einigen Städten sich diese halten sollen, will Venable[1]) im Wasser, welches durch verzinkte Eisenröhren geleitet war, 64 mgr Zinkcarbonat per Liter gefunden haben. Es dürfte diese Angabe ein Sporn sein, die Brauchbarkeit genannten Materials durch eingehende Versuche erst noch zu prüfen.

Neuerdings kommen auch emaillirte Gusseisenröhren an verschiedenen Orten für Wasserleitungszwecke in Verwendung. Wenn auch Mittheilungen über die damit gewonnenen Erfahrungen zur Zeit noch nicht vorliegen, so dürfte doch vorweg diesem Materiale in solider Ausführung die Sympathie des Hygienikers gesichert sein.

Ueber die Bestandtheile der Trauben,
besonders an Mineralstoffen;
von Dr. E. List-Würzburg.

Die nachstehende Arbeit bildet den ersten kleineren Theil einer Reihe in Angriff genommener Untersuchungen von Trauben aus dem Weinbaugebiete Unterfranken und verdankt ihre Entstehung mehreren Ursachen.

Die erste Ursache war die, zu prüfen, ob und welcher Einfluss von der Bodenbeschaffenheit, sowie der Natur des aufgebrachten Düngers auf die Zusammensetzung der Traube ausgeübt wird, event. welchen Unterschied die Varietäten selbst zeigen. Der Umstand, dass noch nicht die Hälfte des mir zur Verfügung gestellten Materiales aus dem Herbste 1883 aufgearbeitet ist, lässt es begreiflich erscheinen, wenn ich mich der Beantwortung dieser Frage so lange enthalte, bis die Arbeit zu Ende geführt worden ist.

Des weiteren bestand die Absicht, selbst gepresste Traubensäfte — als Vorstudie grösserer Versuche — unter Mitwirkung verschiedener Hefearten zur Vergährung zu bringen.

Der erste Theil wäre demnach von mehr localem, der zweite von mehr wissenschaftlichem Interesse gewesen.

Zur zweiten Frage leitete mich der Wunsch, zu prüfen, inwieweit die epochemachenden Arbeiten Hansen's, die ja unsere ganze Bierbrauerei in sichere, nie geahnte Bahnen geleitet haben, auch für die Weinproduction nutzbar gemacht werden könnten. Wenn nämlich durch Hansen nachgewiesen worden ist, dass nicht nur jede eigentliche Hefeart, sondern auch jede sogenannte „wilde" Hefe nach Geschmack und Aussehen verschiedene Producte aus einem und demselben Gährmateriale zu liefern vermag, dann ist der Schluss sicherlich gerechtfertigt, erwarten zu dürfen, dass die vielerlei Geschmacksunterschiede der Weine einer und

---

[1]) Industrieblätter No. 29. S. 230.
[2]) Jahresber. d. chem. Technologie v. Fischer, 1885. 938.

derselben Herkunft und Erziehung sich durch die Thätigkeit verschiedenartiger Hefezellen erklären lassen können.

Die Frage, welche Wirkung die eine oder andere Saccharomyces-Art auf den Gährungsverlauf und den Geschmack des werdenden Weines ausübt, experimentell zu beantworten, erschien mir um so wichtiger, als dem Weinproducenten durch Einführung der Hefeeinsaat in die Weintechnik eine weitgehende Verbesserung und Sicherung der ja so geheimnissvoll und unsicher verlaufenden Gährung geboten worden wäre.

Privatdocent Dr. Emmerich in München und Dr. Kellermann in Wunsiedel erklärten sich, als ich gelegentlich der Nürnberger Versammlung im Jahre 1884 im engeren Kreise mein Programm entwickelte, mit Vergnügen bereit, der Erstere den physiologischen, der Letztere den morphologischen Theil der Arbeit zu übernehmen, während mir der chemische Antheil zufiel. Dr. Kellermann hatte auch die Güte, im Frühjahre 1884 die qualitative Prüfung übersendeter Weinhefe zu übernehmen, dieselbe durch Zählen der Formen quantitativ zu ergänzen und zur Reincultur der Hefearten zu schreiten. Besondere Berücksichtigung fanden: Saccharomyces apiculatus, pastorianus, Reesii und conglomeratus.

Wir waren uns von vorhinein der Schwierigkeiten voll bewusst, die sich uns entgegenstellen konnten, und die sich um so grösser gestalten mussten, als wir mit künstlicher Nährlösung arbeiten mussten, da uns — im Gegensatze zum Bierbrauer — nur einmal im Jahre natürliche Lösung, Traubensaft, zur Verfügung stehen konnte. Wir mussten aber bis zum Eintritte des Herbstes in den Besitz so grosser Mengen von Reinculturen gelangt sein, dass wir mit denselben Traubensaft zur beabsichtigten Gährung bringen konnten.

Die Züchtung der Hefe musste in künstlich dargestelltem Traubensafte durchgeführt werden und daran scheiterte unser Bemühen.

Die Nährlösung, welche gewonnen worden war durch Extraction von Malagatrauben, so dass die Lösung 20 % Zucker enthielt, lieferte Züchtungen, die sehr rasch degenerirten oder gar keine Gährung hervorriefen. Ich vermuthe, dass die durch das Trocknen der Trauben veränderten Eiweissverbindungen daran Schuld waren, wie es auch bei den eingedampften Säften (s. u.) der Fall zu sein scheint.

Ich mache diese Ausführungen, die durch die Ueberschrift des Referates nicht gerechtfertigt sind, in der Absicht, die Angelegenheit einer competenteren Persönlichkeit zur Prüfung vorzulegen oder ein staatliches Institut anzuregen, eine Entscheidung herbeizuführen, welche für unsere Weinproducenten zur Lebensfrage werden kann.

Meine sehr bescheidenen Hülfsmittel, meine ohnehin sehr in Anspruch genommene Zeit reichen nicht hin, die Ursachen aufzufinden, an denen die so wichtigen Versuche scheiterten.

Nach diesen Auseinandersetzungen darf ich den nachstehenden Tabellen nur mehr geringes vorausschicken.

Die Trauben wurden im Herbste 1883 eingesendet, selbst gepresst, in dem Safte das specifische Gewicht bestimmt, derselbe auf dem Wasserbade auf ein Drittel des Volumens eingedampft und nach dem Erkalten mit Alkohol versetzt.

Bei der Verarbeitung wurde der Alkohol verdunstet, der Saft auf das ursprüngliche Gewicht der Pressung aufgefüllt und darin die Bestimmungen ausgeführt, die unten ersichtlich.

Der Saft wurde dann durch Spuren von Bierhefe vergohren, zur Phosphorsäurebestimmung etwas herausgenommen, der Rest filtrirt (Wein) und in dem Filtrate die übrigen Bestimmungen ausgeführt.

Bei vielen Traubensäften trat die Vergährung ausserordentlich schwierig ein und verlief nicht ganz bis zum Ende. Die so erhaltenen Weine, mit * bezeichnet, waren dunkel gefärbt, das erhaltene Glycerin dunkel, übelriechend und relativ hoch d. h. unrein. Selbst wiederholtes Lösen und Fällen bewirkte keine Veränderung. Ich schreibe diesen Umstand nicht so sehr dem veränderten Zucker, als vielmehr den durch Eindampfen gebildeten Zersetzungsproducten des im Safte vorhandenen Eiweisses zu.

Wie Eingangs erwähnt, enthalte ich mich der Schlüsse über den Einfluss der Düngung, über den Unterschied in den einzelnen Traubenvarietäten etc. bis zum Erscheinen der gesammten Arbeit, glaube aber doch die Zahlen als einen Beweis dafür hinausgeben zu dürfen, dass

1. die Mengen der einzelnen Bestandtheile in viel weiteren Grenzen sich bewegen, als bisher angenommen,
2. die festgesetzte Relation von Alkohol zu Glycerin, 100 : 7 in minimo, wie dies auch schon von M. Barth nachgewiesen worden ist, keinen unumstösslichen Glaubenssatz mehr bilden darf,[1])
3. die Hefe dem Traubensafte enorme Mengen von Phosphaten entzieht, die dann dem jungen Weine fehlen und die nach dem Zerfallen der Zellen wieder in den Wein zurückgelangen.

Ich gebe die Zahlen, ohne die sonst hie und da gebräuchlichen rechnerischen Vergleiche unter einander, ohne Minima und Maxima, arithmetische Mittel etc., überlasse deren Berechnung vielmehr dem geneigten Leser, der darauf Gewicht legen zu müssen glaubt oder Lust dazu fühlt.

Die in den Tabellen vorhandenen Lücken, das Fehlen ganzer Nummern bedauere ich. Sie sind eine der Folgen meiner vorigjährigen ernsten Erkrankung.

Die Analysen wurden theils von Herrn von Raumer, theils von meinem gegenwärtigen Mitarbeiter, Herrn Schlegel, theils von mir gefertigt, die auffallenden Resultate, soweit es ging, durch doppelte Bestimmung controlirt.

---

[1]) Die höchst interessante Arbeit von Dr. Müller-Thurgau, welche diesen Gegenstand behandelt, kam mir erst nach Ablieferung der Arbeit zur Kenntniss.

L.

1. Zusammensetzung der Trauben.

No. curr.	Einsender	Ort und Lage der Herkunft	Traubenart	Specif. Ge-wicht	Zucker[1] %	Säure, Wein-säure	Gerb-stoff[2]	Stick-stoff	Eiweiss	Asche	Alkalität derselben in ccm N. S.	Polaris.
1	Th. Schneider, Wipfeld	Wipfeld	Gemischt	1,0754	16,57	0,5475	0,0340	0,0350	0,2180	0,3097	—	— 9,6
2	J. Oppmann, Würzburg	Würzburg, Stein	do.	1,0831	17,79	0,6975	0,0440	0,0520	0,3250	0,2791	—	—10,5
3	Adrian, Klingenberg	Klingenberg	Rothe Riesling	1,0722	16,99	0,7800	0,0360	0,0730	0,4560	0,2697[3]	2,77	— 8,93
4	Feineis, Kleinostheim	Kleinostheim	Oesterreicher	1,0684	15,53	0,6975	0,0460	0,0450	0,2810	0,3939[3]	3,84	— 7,52
5	do.	do.	Gutedel	1,0649	15,44	0,7275	0,0360	0,0710	0,4430	0,3490	1,78	— 8,04
6	Pappenberger, Ochsenfurt	Frickenhausen, Sandberg	do.	1,0763	16,45	0,7200	0,0540	0,0660	0,4120	0,3165[3]	1,26	— 9,00
7	do.	do. Altenberg	do.	1,0799	19,38	0,7650	0,0410	0,0700	0,4370	0,2390[3]	1,36	— 9,16
8	do.	do. Neuenberg	?	1,0830	19,77	0,7725	0,0380	0,0450	0,2810	0,3683	1,13	— 7,82
9	Vetter, Aschaffenburg	Aschaffenburg	Traminer und Portugieser	1,0620	14,90	0,9675	0,0360	0,0690	0,4310	0,3545	1,37	— 5,30
10	A. Wernecke, Marktsteft	Marktsteft	Oesterreicher	—	20,19	—	0,0380	0,0640	0,4000	0,2264	1,52	— 5,70
11	do.	do., Rietz	Riesling	1,0804	18,56	—	0,0460	0,0440	0,2750	0,2293	—	— 7,28
12	do.	do., Rietz	Traminer	1,0856	18,86	—	0,0300	0,0810	0,5060	0,2074	0,98	— 6,45
13	Kesselring, Marktsteft	do., Silberberg	Oesterreicher	1,0821	18,61	—	0,0420	0,0610	0,3810	—	—	— 6,80
14	Bieret, do.	do., Sippach	Elbling	1,0738	18,75	—	0,0540	0,0500	0,3125	—	—	— 7,10
15	Krämer, do.	do., Leiten	Oesterreicher	1,0771	18,78	—	0,0500	—	—	—	—	— 8,56
16	A. Wernecke, Marktsteft	do., Innerer Berg	Elbling	1,0737	16,89	0,8850	0,0480	—	—	—	—	—
17	do.	do., do.	Oesterreicher	1,0750	16,18	1,0125	0,0646	0,0820	0,5120	0,3299	1,33	— 6,6
18	Bieret, Marktsteft	do., Sippach	do.	1,0780	—	—	—	—	—	—	—	—

[1] Zucker wurde nach Soxhlet bestimmt (Kolbe, Journal f. pract. Chemie, Band 21, S. 227 u. f.).

[2] Gerbstoff wurde in den No. 1 bis 23 nach Löwenthal, von 23 bis 39 nach Neubauer-Löwenthal ermittelt (Fresenius, quant. Analyse 1884, 6 Lief.).

[3] Der Zusammenstellung der Asche des Saftes entnommen.

No. curr.	Einsender	Ort und Lage der Herkunft	Traubenart	Specif. Ge-wicht	Zucker %	Säure, Wein-säure	Gerb-stoff	Stick-stoff	Eiweiss	Asche	Alkalität derselben in ccm N. S.	Polaris.
19	Häberlein, Marktsteft	Marktsteft, Im Roth	Oesterreicher	1,0793	21,00	0,8850	0,0525	0,0700	0,4370	0,3243	1,19	— 8,4
20	Meinzinger,Frickenhausen	Frickenhaus.,Mühlboden	Traminer	1,0746	17,22	0,7500	0,0606	0,0780	0,4870	0,4760	1,33	— 7,0
21	do.	do. Bug	Rothe Elbling	1,0738	15,88	0,8375	0,0505	0,0490	0,3062	0,3556	0,79	— 7,4
22	do.	do. do.	Oesterreicher	1,0704	15,36	0,5250	0,0525	0,0630	0,3900	0,3296	1,13	— 6,6
23	do.	do. do.	Elbling	1,0553	12,06	0,6245	0,0466	0,0350	0,2180	0,2577	0,99	— 6,1
24	do.	do. Kappellberg	Riesling	1,0685	14,14	0,8715	0,0292	0,0350	0,2180	0,2664	1,33	— 7,0
25	do.	do. do.	Rothe Riesling	1,0679	13,96	0,8700	0,0343	0,0280	0,1750	0,3174	1,46	— 7,0
26	D.Schliermann, Eschern- [dorf	Escherndorf, Kalbsberg	Elbling	1,0589	12,18	0,7875	0,0172	—	—	0,3463	1,19	— 7,4
27	do.	do. do.	Traminer	1,0864	18,46	0,8850	0,0424	0,0679	0,4187	0,4150	1,50	— 9,20
28	do.	do. Bergsteig	Oesterreicher	1,0747	15,92	0,6650	0,0282	0,0280	0,1750	0,3850	1,35	— 8,11
29	do.	do. Kalbsberg	do.	1,0756	16,46	0,7350	0,0225	0,0560	0,3500	0,2938 [1]	0,85	— 8,12
30	Kgl. Hofkeller, Würzburg	Würzburg, Stein	Clärner	1,0926	21,00	1,0800	0,0484	0,0840	0,5250	0,4365	1,25	—11,32
31	Böhm, Neuses b. Berg	Neuses, Schaller	Traminer und Junker	1,0756	16,00	0,6000	0,0313	0,0476	0,2975	0,3750	1,75	— 8,5
32	Kemmeter, Neuses b.Berg	do. Unt. Berg	Oesterreicher	1,0643	14,14	0,7500	0,0101	0,0280	0,1750	0,2485 [1]	0,85	— 6,8
33	do.	do. Berg	do.	1,0723	—	—	—	—	—	—	—	—
34	do.	do. Dell	do.	1,0710	—	—	—	—	—	—	—	—
35	J. Müller, Neuses b. Berg	do. Glatzen	do.	1,0762	18,61	0,8400	0,0160	0,0602	0,3762	0,3375	1,64	— 9,2
36	Lehr. Fries, Randersacker	Randersacker, Pfülben	do.	1,0712	19,00	0,6450	0,0286	0,0770	0,4811	0,2950	1,53	— 9,6
37	do.	do. Marsberg	Junker	1,0698	14,31	0,6450	0,0160	0,0840	0,5250	0,3029 [1]	2,48	— 6,8
38	do.	do. Hofstett	Oesterreicher	1,0731	17,30	0,8250	0,0120	0,0700	0,4375	0,4880	1,40	— 8,0
39	V. Hohe, Randersacker	do. Gersberg	Elbling und Oesterreicher	1,0701	16,70	0,7425	0,0120	0,0420	0,2625	0,3440	1,10	— 8,2

[1]) Der Zusammenstellung der Asche des Saftes entnommen.

2. 100 ccm Traubensaft enthalten Mineralstoffe (kohlefrei):

No. curr.	Ge-sammt-Asche	Fe_2O_3	CaO	MgO	K_2O	Na_2O	P_2O_5	SO_3	Cl	CO_2
1	—	0,0066	0,0222	0,0167	0,0962	—	0,0435	0,0127	—	—
2	—	—	—	—	—	—	—	—	—	0,0609
3	0,2697	0,0044	0,0192	0,0167	0,1154	0,0482	0,0399	0,0081	—	0,0609
4	0,3939	0,0017	0,0527	0,0164	0,1716	0,0170	0,0389	0,0084	0,0024	0,0844
5	0,2747	0,0025	0,0092	0,0104	0,1021	0,0416	0,0529	0,0151	0,0018	0,0391
6	0,3165	0,0022	0,0097	0,0112	0,1830	0,0055	0,0468	0,0068	0,0010	0,0277
7	0,2390	0,0018	0,0088	0,0100	0,1115	0,0233	0,0432	0,0054	0,0051	0,0299
8	0,2828	0,0011	0,0231	—	0,1990	0,0079	0,0452	0,0049	Spuren	0,0248
9	0,2590	0,0016	0,0063	0,0090	0,1270	0,0410	0,0361	0,0079	»	0,0301
10	—	0,0026	0,0070	—	0,1472	0,0176	0,0664	0,0100	»	0,0334
11	—	0,0020	0,0096	—	0,1572	0,0094	0,0351	0,0115	»	—
12	—	0,0007	0,0068	0,0053	—	—	—	—	»	0,0215
13	—	—	—	—	—	—	—	—	—	—
14	—	—	—	—	—	—	—	—	—	—
15	—	—	—	—	—	—	—	—	—	—
16	—	—	—	—	—	—	—	—	—	—
17	0,2334	0,0061	0,0134	0,0105	0,1257	0,0072	0,0300	0,0105	0,0010	0,0290
18	—	—	—	—	—	—	—	—	—	—
19	0,3312	0,0062	0,0123	0,0124	0,1713	0,0138	0,0628	0,0247	0,0017	0,0260
20	0,2794	0,0052	0,0105	0,0100	0,1567	0,0074	0,0444	0,0155	0,0007	0,0290
21	0,2695	0,0057	0,0133	0,0118	0,1620	0,0082	0,0377	0,0123	0,0010	0,0175
22	—	—	—	—	—	—	—	—	—	0,0249
23	—	—	—	—	—	—	—	—	—	0,0219
24	—	—	—	—	—	—	—	—	—	0,0293
25	—	—	—	—	—	—	—	—	—	0,0320
26	0,2958	0,0061	0,0187	0,0100	0,1448	0,0579	0,0255	0,0057	0,0009	0,0261
27	0,3861	0,0141	0,0246	0,0120	0,2302	0,0128	0,0404	0,0178	0,0012	0,0330
28	0,3334	0,0080	0,0091	0,0109	0,2136	0,0116	0,0390	0,0093	0,0012	0,0297
29	0,2938	0,0091	0,0153	0,0127	0,1894	0,0038	0,0336	0,0096	0,0016	0,0187
30	0,3615	0,0079	0,0223	0,0138	0,2192	0,0029	0,0490	0,0177	0,0012	0,0275
31	0,3173	0,0049	0,0691	0,0166	0,1413	0,0016	0,0347	0,0098	0,0012	0,0368
32	0,2487	0,0047	0,0410	0,0106	0,1310	0,0013	0,0287	0,0125	0,0009	0,0180
33	—	—	—	—	—	—	—	—	—	—
34	—	0,0041	0,0183	0,0073	—	—	0,0235	0,0102	0,0102	—
35	0,2973	0,0044	0,0300	0,0140	0,1522	0,0036	0,0405	0,0153	0,0013	0,0360
36	0,2494	0,0051	0,0320	0,0116	0,1193	0,0082	0,0266	0,0120	0,0010	0,0336
37	0,3029	0,0030	0,0178	0,0100	0,1691	0,0088	0,0264	0,0117	0,0014₅	0,0547
38	0,3797	0,0060	0,0429	0,0097	0,1781	0,0109	0,0406	0,0096	0,0011	0,0308
39	0,2279	0,0026	0,0137	0,0088	0,1308	0,0112	0,0258	0,0096	0,0012	0,0242

3. Procent-Zusammensetzung der Asche (Kohle und CO_2 frei).

No. curr.	Fe_2O_3	CaO	MgO	K_2O	Na_2O	P_2O_5	SO_3	Cl
1	—	—	—	—	—	—	—	—
2	—	—	—	—	—	—	—	—
3	4,7467	7,6220	6,6296	45,8118	?19,1345	15,8396	3,2155	—
4	0,5499	17,0495	5,3087	55,5160	5,4998	12,5849	2,7175	0,7764
5	1,0611	3,9049	4,4142	43,3361	?17,6270	22,4533	6,4091	0,7640
6	0,8264	3,6439	4,2073	68,7453	2,0661	17,5807	2,5545	0,3756
7	0,8608	4,2085	4,7723	53,3238	11,1420	20,6599	2,5825	?2,4390
8	—	—	—	—	—	—	—	—
9	0,6989	2,2891	3,9318	55,6827	?17,9117	15,9710	3,4512	—
10	—	—	—	—	—	—	—	—
11	—	—	—	—	—	—	—	—
12	—	—	—	—	—	—	—	—
13	1,9504	6,5867	5,6914	69,7602	1,5987	16,2210	—	—
14	1,8571	8,9285	3,8571	68,4994	6,2856	9,9999	—	—
15	3,0683	5,2313	4,2756	66,3973	2,6156	18,5549	—	—
16	—	—	—	—	—	—	—	—
17	2,9845	6,5557	5,1369	61,4976	3,5255	14,6772	5,1364	0,4892
18	—	—	—	—	—	—	—	—
19	2,1112	4,0261	4,0589	56,0720	4,5171	20,5727	8,0851	0,5564
20	2,0958	4,1916	3,9920	62,5548	2,9540	17,7445	6,1876	0,2794
21	2,2808	5,2756	4,6806	64,2602	3,2526	14,9741	4,8790	0,3966
22	2,2711	10,9252	5,1164	61,0597	0,7767	12,3520	6,9870	0,5403
23	1,8828	9,1045	4,9520	64,4155	0,9414	13,5407	4,5007	0,6576
24	1,7225	13,4856	4,3290	63,7339	1,8132	9,1792	5,1222	0,6119
25	5,5107	10,6552	3,3686	61,8810	0,7689	11,9551	5,2360	0,6224
26	2,2290	6,9336	3,7078	53,6892	?21,5382	9,4551	2,1134	0,3337
27	4,0062	6,9648	3,3975	65,1755	3,6240	11,9551	5,0396	0,3397
28	2,6428	3,0062	3,6009	70,5649	3,8321	12,8839	3,0720	0,3963
29	3,3248	5,5595	4,6148	68,8226	1,3808	12,2274	3,4883	0,5813
30	2,3779	6,6706	4,1280	65,5698	0,8674	14,6722	5,3544	0,3589
31	1,7723	24,7405	5,9434	50,5910	0,5728	12,4419	3,5088	0,4296
32	2,0372	17,7718	4,5946	56,7832	0,5635	12,4402	5,4182	0,3901
33	—	—	—	—	—	—	—	—
34	—	—	—	—	—	—	—	—
35	1,6838	11,4812	5,3578	58,2472	1,3781	15,4994	5,8553	0,4975
36	2,3632	14,8285	5,2753	55,2826	3,7999	12,3262	5,5607	0,4633
37	1,2087	7,1716	4,0290	68,1305	3,5415	10,6366	4,7139	0,5648
38	1,7197	12,2957	2,7801	65,3780	3,1241	11,6366	2,7544	0,3152
39	1,2763	6,7255	4,3201	64,2121	5,4982	12,6656	4,7128	0,5891

4. Der vergohrene Traubensaft.

No. curr.	Spec. Gewicht des Weines	Alkohol.	Extract.	Berechn. Extract	Gewog. Extract	Alkohol	Asche	Phosphorsäure	Glycerin	Polarisation	Relation von Alkohol : Glycerin
1	—	0,9867	—	—	—	8,14	—	—	0,6100	—	100 : 7,61
2	—	—	—	—	—	—	—	—	—	—	—
3	—	0,9865	—	—	—	8,29	—	—	0,4650	—	: 5,60
4	—	0,9888	—	—	—	6,70	—	—	0,5880	—	: 8,77
5	—	0,9876	—	—	—	7,53	—	—	0,6100	—	: 8,10
6	—	0,9871	—	—	—	7,87	—	0,0255	0,7240	—	: 9,50
7	—	0,9856	—	—	—	8,93	—	0,0318	0,5200	—	: 5,80
8	—	0,9866	—	—	—	8,21	—	0,0278	0,5200	—	: 6,33
9	—	0,9903	—	—	—	5,69	—	0,0287	0,4700	—	: 8,26
10	—	0,9876	—	—	—	7,53	—	0,0308	0,5714	—	: 7,58
11	—	0,9870	—	—	—	7,93	—	0,0318	0,6940	—	: 8,75
12	—	0,9894	—	—	—	6,28	—	0,0322	0,6060	—	: 9,33
13	—	—	—	—	—	—	—	—	—	—	—
14	—	—	—	—	—	—	—	—	—	—	—
15	—	—	—	—	—	—	—	—	—	—	—
16	—	—	—	—	—	—	—	—	—	—	—
17	1,0027*	0,9903	1,0119	3,07	3,09	5,69	0,2300	0,0179	0,7100*	± 0	: 12
18	—	—	—	—	—	—	—	—	—	—	—
19	0,9954	0,9859	1,0082	2,12	—	8,71	0,2420	0,0258	0,5820	± 0	: 6,6
20	0,9983	0,9868	1,0099	2,56	2,86	8,07	0,2472	0,0222	0,6386	— 0,10	: 7,9
21	0,9994	0,9879	1,0126	3,25	3,15	7,33	0,2240	0,0247	0,5496	— 0,10	: 7,4
22	0,9997	0,9682	1,0106	2,74	2,60	7,13	0,2280	0,0172	0,4570	± 0	: 6,4
23	1,0023*	0,9917	1,0098	2,53	2,52	4,81	0,2228	0,0172	0,6100*	± 0	: 12
24	1,0043*	0,9890	1,0150	3,83	3,92	6,57	0,2312	0,0212	0,8620*	± 0	: 13
25	1,0033*	0,9886	1,0142	3,65	3,64	6,86	0,2314	0,0240	0,6120*	± 0	: 9
26	1,0022*	0,9904	1,0113	2,92	3,08	5,62	0,2720	0,0213	0,6300*	± 0	: 11
27	1,0012*	0,9880	1,0148	3,78	3,82	7,27	0,2860	0,0313	0,9100*	— 0,2	: 12
28	0,9984	0,9878	1,0105	2,74	—	7,40	0,2740	0,0339	0,5720	± 0	: 7,7
29	0,9998	0,9873	1,0130	3,35	—	7,73	0,2868	0,0253	0,5912	± 0	: 7,7
30	1,0023	0,9840	1,0184	4,69	4,60	10,08	0,2548	0,0370	0,5560	— 0,40	: 5,5
31	0,9980	0,9870	1,0111	2,87	—	7,93	0,2820	0,0243	0,5752	— 0,30	: 7,4
32	0,9974	0,9887	1,0082	2,12	2,10	6,72	0,2100	0,0219	0,4520	— 0,05	: 6,6
33	—	—	—	—	—	—	—	0,0328	—	—	—
34	—	—	—	—	—	—	—	0,0166	—	—	—
35	0,9997	0,9879	1,0118	2,95	3,00	7,33	0,2960	0,0265	0,5910	± 0	: 8,3
36	0,9998	0,9868	1,0130	3,25	3,31	8,07	0,2120	0,0180	0,6690	± 0	: 8,3
37	1,0034	0,9889	1,0145	3,62	3,53	6,64	0,2010	0,0204	0,6780	± 0	: 10,21
38	1,0043	0,9889	1,0154	3,85	3,86	6,64	0,2910	0,0268	0,6735	± 0	: 10,14
39	1,0009	0,9891	1,0118	2,95	2,83	6,50	0,1880	0,0134	0,6725	± 0	: 10,31

Ueber die Beschaffenheit der Theesorten des Handels

von Dr. Kappel.

Mit dem Studium der Handelssorten von grünem und schwarzem Thee beschäftigt, glaube ich, vorläufig auf die oft sehr bedenkliche Beschaffenheit vieler, besonders geringer Theesorten aufmerksam machen zu sollen und liefere in Nachstehendem einen kleinen Beitrag.

Bei meinen Untersuchungen spielte vor Allem die botanische Untersuchung eine hervorragende Rolle, ebenso wurden die Mineralbestandtheile berücksichtigt, der Theingehalt bestimmt. Eine sog. Pecco II-Sorte bestand aus circa 50 $\frac{0}{0}$ jungen Theeblättern, 21—22 $\frac{0}{0}$ älteren Blättern nebst Stielen. Der Rest war ein Gemenge von Weidenblättern mit den Blättern von Prunus spinosa, der Esche und auch einigen Fliederblättern.

Der Wassergehalt dieser Theesorte betrug 8,2 $\frac{0}{0}$, der Gehalt an Mineralbestandtheilen 6,2 $\frac{0}{0}$, von welcher Asche sich 60,2 $\frac{0}{0}$ in Wasser lösten. Die Asche enthielt geringe Mengen von Kupfer, auch Spuren von Lithion, welche Metalle sich auch in anderen Theesorten fanden. Auch in den grünen, frischen Blättern, welche aus dem botanischen Garten der kgl. Universität Erlangen stammten, waren Spuren von Kupfer nachzuweisen.

Ueber die weiteren Resultate meiner Versuche werde ich später berichten.

Mitglieder-Verzeichniss

der

freien Vereinigung Bayerischer Vertreter der angewandten Chemie.

1. C. Arnold, Hofapotheker, Ansbach.
2. Dr. P. Arnold, Volkach.
3. L. Aubry, Director der wissenschaftl. Station für Brauerei, München.
4. A. Bachmann, Apotheker, Weiltingen.
5. W. Bachmeyer, k. Reallehrer, Bamberg.
6. R. Barthel, Apotheker, Burghaslach.
7. J. Beckh, Apotheker, Nürnberg.
8. C. Bierl, Apotheker, Regensburg.
9. B. Böttiger, Apotheker, Erlangen.
10. M. Bottler, k. Reallehrer, Bad Kissingen.
11. M. Brommer, Apotheker, Erlangen.
12. Dr. J. Dietzell, Dirigent der landw. Versuchsstation, Augsburg.
13. Dr. E. Ebermayer, Chemiker, Nürnberg.
14. Dr. Eckenroth, Chemiker, Ludwigshafen a. Rh.
15. Dr. Egger, k. Medicinalrath, Bayreuth.
16. Dr. Emmerich, Privatdocent, München.
17. Dr. G. Feichtinger, k. Professor der Industrieschule, München.
18. Dr. W. Fleischmann, k. Bezirksarzt, Dillingen.
19. H. Frickinger, Apotheker, Nördlingen.
20. Dr. Friedrich, Generalstabsarzt des II. Armeecorps, Würzburg.
21. Dr. C. Full, k. Reallehrer, Würzburg.
22. J. Gartzen, Apotheker, Erlangen.
23. Dr. J. Hagen, k. Bezirksarzt, Nürnberg.
24. J. Hagenauer, Apotheker, Kitzingen.
25. Dr. C. Halenke, Dirigent der landw. Versuchsstation und öffentlichen Untersuchungsanstalt, Speyer.
26. Dr. J. Henkel, Fabrikdirector, Schüttentobel.
27. F. von Hertlein, Apotheker, Würzburg.
28. J. Herz, Assistent der k. Untersuchungsanstalt, Würzburg.
29. J. Hessert, k. Reallehrer, Speyer.
30. Dr. G. Heut, k. Rector, Passau.
31. Dr. A. Hilger, k. Professor der Universität, Erlangen.
32. C. Höchtlen, k. Reallehrer, Dinkelsbühl.

33. Dr. G. Holzner, k. Professor, Weihenstephan.
34. A. Hornung, k. Reallehrer, Ansbach.
35. J. Horst, Apotheker, Schnaittach.
36. B. Jegel, k. Reallehrer, Hof.
37. Immerheiser, Assistent der k. Untersuchungsanstalt, Würzburg.
38. H. Jung, Apotheker, Würzburg.
39. Dr. H. Kaemmerer, k. Professor der Industrieschule, Nürnberg.
40. Dr. S. Kappel, k. Reallehrer, Erlangen.
41. Dr. Karsch, k. Medicinalrath, Speyer.
42. Dr. R. Kayser, Vorstand des chem. Laborat. des Bayerischen Gewerbe-
    museums, Nürnberg.
43. Dr. H. Kellermann, k. Reallehrer, Wunsiedel.
44. G. Kellner, Assistent der k. Realschule, Fürth.
45. J. Kienhöfer, Apotheker, Eschenau.
46. Dr. E. Kleinhenz, k. Bezirksarzt, Obersdorf b. Biellenhofen.
47. M. Krandauer, Docent, Weihenstephan.
48. J. Kraus, Apotheker, Wernek.
49. Dr. J. Langhans, k. Reallehrer, Fürth.
50. Dr. M. Lindhorst, Fabrikdirector, Nürnberg.
51. Dr. C. Lintner, k. Director, Weihenstephan.
52. Dr. E. List, Dirigent der Weinbau-Versuchsstation, Würzburg.
53. L. Luber, k. Rector, Schweinfurt.
54. G. Marquard, Assistent am chem. Laborat. des Bayerischen Gewerbe-
    museums, Nürnberg.
55. Dr. J. Mayrhofer, I. Assistent der k. Untersuchungsanstalt, Erlangen.
56. Dr. L. Medicus, k. Professor der Universität, Würzburg.
57. Dr. G. Merkel, k. Bezirksarzt und Medicinalrath, Nürnberg.
58. Dr. Metzger, Augsburg.
59. Dr. Möslinger, Assistent der Versuchsstation, Speyer.
60. W. Nörr, Apotheker, Scheinfeld.
61. Dr. Oppler, Fürth.
62. Ad. Ott, k. Reallehrer, Freising.
63. E. Ottmann, k. Rector der Realschule, Rothenburg a. T.
64. Dr. M. von Pettenkofer, k. Geheimrath, München.
65. Dr. E. Prior, Vorstand eines chem. Laboratoriums, Nürnberg.
66. Dr. L. Raab, k. Reallehrer, Straubing.
67. J. Rattelmüller, Apotheker, Fürth.
68. Dr. E. von Raumer, Assistent der k. Untersuchungsanstalt, Erlangen.
69. Dr. H. Redenbacher, k. Bezirksarzt, Beilngries.
70. G. Reichert, k. Reallehrer, Kaufbeuren.
71. Dr. J. Renk, Privatdocent, München.
72. Dr. Riedinger, k. Professor der Universität, Würzburg.
73. Dr. H. Rödel, k. Bezirksarzt, Scheinfeld.
74. Dr. Röder, k. Bezirksarzt, Würzburg.
75. Dr. H. Röttger, Assistent der k. Untersuchungsanstalt, Erlangen.
76. Dr. Rosenthal, k. Hofrath, Würzburg.
77. Dr. G. Rottler, k. Stabsarzt des Inf.-Leibreg., München.
78. Dr. Scheite, Assistent der Versuchsstation, Speyer.
79. G. Schlegel, Assistent der Weinbau-Versuchsstation, Würzburg.
80. Dr. G. Schmitt, k. Medicinalrath, Würzburg.
81. O. Schneider, Apotheker, Rothenburg a. T.
82. Dr. Fr. Schnitzer, priv. Chemiker, München.
83. Dr. F. Schreiner, Dirigent der landw. Versuchsstation, Triesdorf.
84. Dr. J. Schuster, k. Stabsarzt, München.

85. Dr. M. Sendtner, Assistent der k. Untersuchungsanstalt, München.
86. Dr. F. Soxhlet, k. Professor der techn. Hochschule, München.
87. Dr. Spiess, k. Professor am Realgymnasium, Nürnberg.
88. Dr. M. Stockmeier, Assistent des Untersuchungsamtes, Nürnberg.
89. Dr. J. Stölzel, k. Professor der techn. Hochschule, München.
90. Trielich, Hülfsarbeiter der k. Untersuchungsanstalt, München.
91. Dr. H. Vogel, k. Reallehrer, Memmingen.
92. Th. Weigle, Apotheker, Nürnberg.
93. Dr. E. Wein, I. Assistent der k. Centr.-Versuchsstation, München.
94. H. Weiss, Apotheker, Nürnberg.
95. Dr. H. Will, Assistent der wissensch. Station für Brauerei, München.
96. Dr. H. Willemer, Chemiker, Landshut.

Auswärtige Mitglieder.

  97. Dr. Amthor, Chemiker der Polizeidirection, Strassburg i. Els.
  98. Dr. Dietrich, Professor, Director der agriculturchemischen Versuchs-station, Marburg.
  99. Dr. Egger, Vorstand des Untersuchungsamtes, Mainz.
100. Dr. Geissler, Professor der k. Thierarzneischule, Dresden.
101. Dr. Gscheidlen, Professor, Vorstand des Untersuchungsamtes, Breslau.
102. Dr. Janke, Vorstand der Untersuchungsstation, Bremen.
103. Dr. König, Professor, Director der agriculturchemischen Versuchs-station, Münster i. Westph.
104. Dr. E. Kopp, Münster i. Westph.
105. Dr. E. Schmidt, Professor der Universität, Marburg.
106. Dr. E. Sell, Professor, Regierungsrath am kaiserl. Gesundheitsamt, Berlin.
107. Dr. Weigmann, Assistent der Versuchsstation, Münster i. Westph.
108. Dr. Wolffhügel, Regierungsrath am kaiserl. Gesundheitsamt, Berlin.

Geschlossen am 1. November 1886.

Springer-Verlag Berlin Heidelberg GmbH
Monbijouplatz 3.

Arbeiten aus dem Kaiserlichen Gesundheitsamte. (Beihefte zu
den »Veröffentlichungen des Kaiserlichen Gesundheitsamtes«.)
I. Band. M. 26,—.
(Erscheinen in zwanglosen Heften, die zu Bänden von 40—50 Bogen
vereinigt werden.)

Bell, J., Die Analyse und Verfälschung der Nahrungsmittel.
I. Thee, Kaffee, Kakao, Zucker etc. Mit 27 Holzschnitten.
Uebersetzt von C. Mirus. Mit einem Vorwort von Professor
Eug. Sell. M. 2,80.
II. Milch, Butter, Käse, Cerealien, Präparirte Stärkemehle etc.
Mit 29 Holzschnitten. Uebersetzt und mit Anmerkungen ver-
sehen von Dr. P. Rasenack. M. 4,—.

Bericht über die vierte Versammlung der Freien Vereinigung
Bayerischer Vertreter der angewandten Chemie zu Nürnberg am
7. und 8. August 1885. Mit 2 Holzschnitten. M. 2,—.

Böckmann, Dr. F., Chemisch-technische Untersuchungsmethoden
der Grossindustrie, der Versuchsstationen und Handelslaboratorien.
Mit 62 Holzschnitten. 2 Bände. geh. M. 16,—; geb. M. 18,—.

Gesundheitsamt, Das Kaiserliche. Rückblick auf den Ursprung
sowie auf die Entwickelung und Thätigkeit des Amtes in den
ersten zehn Jahren seines Bestehens. Zusammengestellt im Kaiserlichen Gesundheitsamte. kart. M. 3.—.

Hilger, Dr. A., Vereinbarungen betreffs der Untersuchung und
Beurtheilung von Nahrungs- und Genussmitteln sowie Gebrauchs-
gegenständen. Herausgegeben im Auftrage der Freien Vereinigung
Bayerischer Vertreter der angewandten Chemie. Mit 8 Holzschnitten
und einer lithographirten Tafel. M. 8,—.

═══ Zu beziehen durch jede Buchhandlung. ═══

durch diese Forschungen mehrende Literatur finden wir leider allzu sehr
zersplittert, theils in chemischen, theils in medicinischen speciell hygienischen,
nicht minder technischen Fachzeitschriften in Form von Originalartikeln, oft
nur in kurzen Referaten. Der Sachverständige und Interessent ist oft nur
mit Mühe in der Lage, sich im Laufenden zu erhalten, vielfach nicht im
Stande, sich in den Besitz mancher oft werthvoller Mittheilungen zu bringen.
Unsere vorhandenen chemisch-analytischen Zeitschriften sind auf das eifrigste
bemüht, gerade auf diesem Gebiete nach Kräften zur Orientirung beizutragen,
werden aber bei der Fülle der überhaupt vorhandenen chemisch-analytischen
Literatur niemals dem Nahrungsmittelchemiker, dem Vorstande der Untersuchungsanstalt, dem Medicinalbeamten, Sachverständigen, Interessenten überhaupt, vollkommen Genüge leisten können.

Das Bedürfniss nach einem referirenden Organe auf dem Gebiete der
Lebensmittel, Gebrauchsgegenstände und der hierher gehörenden zahlreichen
Industriezweige, welches die Fortschritte auf diesem Gebiete in entsprechender
Ausdehnung mit Präcision und der nothwendig kritischen Behandlung stets
möglichst rasch zur Einsicht vorlegt, ist demnach unstreitig vorhanden.

Diesem Bedürfnisse ist diese Vierteljahresschrift entsprungen, welche vor
Allem anstrebt, in 4 innerhalb eines Jahres erscheinenden Heften eine möglichst rasche Orientirung auf dem erwähnten Gebiete zu erreichen, welches
folgende Referate einschliessen soll:

*Milch, Butter, Käse, Milchpräparate, Wein, Bier, Branntwein, Gäh-
rung, Conserven, Conservirungsmittel, Gewürze, Thee, Kaffee und
Kaffeesurrogate, Cacao und Cacaofabrikate, Mehl, Mehlfabrikate, Zucker,
Honig, Conditorwaaren, Fruchtsäfte, Künstliche Mineralwässer, Fleisch,
Fleischwaaren, feste und flüssige Fette, Spielwaaren, gefärbte Gegenstände aus Holz, Pappe, Metall, Kautschouk, Papier, Buntpapiere,
Textilfabrikate, Beizen, Leder, Haus- und Küchengeräthe, Umhüllungs-
materialien, Oblaten, Petroleum, Cosmetica, Geheimmittel, Zündmateria-
lien, Wasser, Wasserversorgung, Desinfectionsmaterialien.*

Ausserdem werden die Gesetzentwürfe, Gesetze, Verordnungen, Aus-
führungsbestimmungen in Deutschland und dem Auslande mit Bezugnahme auf
das Gesammtgebiet dieser Referate Erwähnung finden, nicht minder die dies-
bezüglichen Entscheidungen des Reichsgerichtes und der obersten Landgerichte.

Die Thätigkeit der bestehenden Untersuchungsanstalten und Aemter,
weitere Entwicklung, Organisation derselben, werden selbstverständlich ebenfalls die gebührende Berücksichtigung finden.

Wir empfehlen dies neue Unternehmen unseres Verlages ange-
legentlichst den zahlreichen Interessenten. Die Hefte 1—3 sind auch
zur Ansicht durch jede Buchhandlung zu beziehen. Heft 4 erscheint
im Februar. Der Preis des vollständigen Jahrgangs soll M. 10,— nicht
überschreiten.

Berlin N., Monbijouplatz 3.

Springer-Verlag Berlin Heidelberg GmbH